浙江省"十四五"普通高等教育本科规划教材
普通高等学校机械类系列教材

机械制造工艺学课程设计

第 2 版

主　编　吴瑞明
副主编　郑　军　凌　玮
参　编　徐　兴　戴光明　樊志华

机械工业出版社

本书介绍了机械制造工艺学（即机械制造技术基础）课程设计的要求、内容、设计方法及步骤。书中的课程设计实例包括课程设计任务书、设计说明书、工艺过程卡片及设计图样等，供学生在设计时参考。考虑到在课程设计中要不断翻查机械设计手册、金属切削加工手册等工具书，本书归纳了部分常用的夹具设计、工艺数据及标准规范。

本书既可用作机电一体化专业、机械设计制造及其自动化专业、材料成形及控制工程专业、车辆工程专业以及相关专业机械制造工艺学课程设计的教学用书，也可作为夹具设计和工艺设计人员的参考用书和自学用书。

本书配有电子课件，向授课教师免费提供，需要者可登录机工教育服务网（www.cmpedu.com）下载。

图书在版编目（CIP）数据

机械制造工艺学课程设计/吴瑞明主编. —2 版. —北京：机械工业出版社，2024.3（2025.2 重印）

普通高等学校机械类系列教材

ISBN 978-7-111-75190-8

Ⅰ.①机⋯ Ⅱ.①吴⋯ Ⅲ.①机械制造工艺-高等学校-教材 Ⅳ.①TH16

中国国家版本馆 CIP 数据核字（2024）第 042506 号

机械工业出版社（北京市百万庄大街 22 号　邮政编码 100037）

策划编辑：段晓雅　　　　　责任编辑：段晓雅

责任校对：梁　园　牟丽英　封面设计：张　静

责任印制：常天培

北京机工印刷厂有限公司印刷

2025 年 2 月第 2 版第 2 次印刷

184mm×260mm · 10.75 印张 · 261 千字

标准书号：ISBN 978-7-111-75190-8

定价：36.80 元

电话服务　　　　　　　　　网络服务

客服电话：010-88361066　　机　工　官　网：www.cmpbook.com
　　　　　010-88379833　　机　工　官　博：weibo.com/cmp1952
　　　　　010-68326294　　金　书　网：www.golden-book.com

封底无防伪标均为盗版　　机工教育服务网：www.cmpedu.com

前言

机械制造工艺学课程设计是机械制造工艺学课程的综合实训环节,它涵盖了从毛坯到出库的工艺全过程,该实训环节包括工艺分析、毛坯选择、工艺规程制定、工序附图确定、夹具任务书下达、夹具设计及设计文档整理等内容,相当于一个小的毕业设计。课程设计环节要考虑工艺和夹具设计的经济性以及制造的可持续发展,助力建设制造强国。

本书在第 1 版的基础上,结合一线教师和学生的反馈,做了以下修改和增补:

1)增加绿色制造和智能制造等内容,以便更好地助力实现"双碳"目标。

2)加大毛坯制造课程内容,提高制造过程毛坯选择的经济性,实现绿色低碳发展。

3)增加了 90 个机械制造工艺学课程设计任务书零件图,保证一人一题,以提高课程设计的质量。

4)配套了微课视频和动画,方便自学。

参加本书编写的人员有浙江科技大学吴瑞明副教授、郑军教授、凌玮高级实验师、徐兴教授、戴光明博士,杭州电子科技大学樊志华实验师,具体分工如下:第 1 章~第 3 章由吴瑞明、徐兴编写,第 4 章由郑军、樊志华编写,第 5 章由吴瑞明、戴光明编写,第 6 章由凌玮、戴光明编写。配套视频由吴瑞明、凌玮、戴光明录制,研究生乐琦和李豪楠完成了视频后期制作工作,并对部分书稿进行了校对。在本书的编写过程中,编者参考了国内外相关教材、教案和其他文献,并得到了专家和同行的指导,在此对相关作者及专家、同行一并致谢。

由于编者水平有限,加之编写时间仓促,书中错误和不足之处在所难免,恳请广大读者批评指正。

编 者

目录

前言
第1章 课程设计指导书 ………………… 1
1.1 设计内容和要求 ……………………… 1
1.2 设计成绩的考核 ……………………… 2
1.3 课程设计任务书 ……………………… 3
1.4 课程设计报告封面 …………………… 5
1.5 课程设计零件图 ……………………… 6
第2章 课程设计的必备知识 …………… 7
2.1 常用数学资料 ………………………… 7
2.2 毛坯选择 ……………………………… 10
2.3 典型孔、外圆、平面的加工工艺
路线 …………………………………… 25
2.4 机床编号 ……………………………… 28
2.5 刀具选择 ……………………………… 31
2.6 常用量具 ……………………………… 33
2.7 常用钢材的热处理方法 ……………… 34
2.8 切削液的选用 ………………………… 35
2.9 切削用量的选用 ……………………… 37
2.10 粗牙螺纹底孔 ………………………… 39
2.11 常用材料的选用 ……………………… 40
2.12 表面粗糙度知识 ……………………… 43
2.13 常用公差和配合的选用 ……………… 46
第3章 课程设计的步骤 ………………… 54
3.1 零件的分析与零件图的绘制 ………… 54
3.2 毛坯的选择和毛坯图的绘制 ………… 54
3.3 工艺路线的拟订 ……………………… 62

3.4 工序设计 ……………………………… 67
3.5 工艺文件的填写 ……………………… 69
3.6 夹具设计 ……………………………… 72
3.7 编写课程设计说明书 ………………… 80
3.8 绿色制造和智能制造技术的应用 …… 81
第4章 课程设计说明书实例 …………… 85
4.1 零件分析 ……………………………… 85
4.2 确定毛坯、绘制毛坯简图 …………… 86
4.3 工艺方案和内容的论证 ……………… 87
4.4 主要工序的设计与计算 ……………… 90
4.5 专用钻床夹具设计 …………………… 95
4.6 课程设计总结 ………………………… 98
4.7 参考文献 ……………………………… 99
第5章 课程设计图例和常见错误 …… 100
5.1 图纸规范 ……………………………… 100
5.2 课程设计图例 ………………………… 101
5.3 课程设计常见错误 …………………… 105
第6章 常用工艺参考资料 ……………… 110
6.1 常用夹具装置符号 …………………… 110
6.2 加工余量表 …………………………… 115
6.3 表面粗糙度的选用 …………………… 120
6.4 中心孔 ………………………………… 125
6.5 切削加工工艺常识 …………………… 127
6.6 常用夹具元件 ………………………… 153

参考文献 ……………………………………… 165

第1章

课程设计指导书

机械制造工艺学课程设计是机械类专业重要的实践环节之一，主要培养学生学会应用所学知识分析处理生产工艺问题的能力。通过课程设计，掌握机械加工工艺规程设计和机床夹具设计方法，巩固相关理论知识，提高独立工作能力。

本课程的教学目的：通过该实践环节，加深对所学机械制造工艺学、机械设计、机械制图、机械精度设计与测量等有关课程中的基础理论的理解；学会对中等复杂零件的工艺安排和工艺尺寸链的计算；学会工装夹具的设计方法，并掌握其设计步骤。

课程设计应在教师指导下由学生独立完成，因此，要求学生独立思考、深入钻研、创造性地进行工艺设计，正确处理工艺设计中遇到的各种矛盾，学会正确的工艺设计方法和工艺设计思想，既要善于学习和继承前人的经验，又要敢于运用所学知识及新技术进行创新设计。

设计中要用到大量的标准、规范，每个学生都应亲自查阅，并能正确熟练运用。设计过程是逐步深入、不断修改的过程，是计算、制图交叉进行的过程，修改、返工是难免的。因此，必须要求学生养成独立思考、严肃认真、有错必改、精益求精的作风。通过课程设计，学生应在下述各方面得到锻炼：

1) 通过分析和解决工程实际问题，巩固和加深机械制造工艺学等先修课程的理论和知识，了解工艺设计的一般过程和方法。

2) 学会课题的方案分析、对中等复杂零件的工艺安排和工艺尺寸链的计算；学会工装夹具的设计方法，并掌握其设计步骤。进行结构设计、绘制工程图等基本工程训练，强化学生的工艺设计能力。

3) 树立科学的工艺设计思想，掌握运用标准、规范、手册、图册等技术资料的能力，为今后从事工艺设计工作打下良好的基础。

1.1 设计内容和要求

机械制造工艺学课程设计题目定为：××零件的机械加工工艺规程及夹具设计。给出一些中等复杂零件的零件图样，生产纲领一般为中批或大批生产。要求学生编制零件加工工艺规程，设计给定零件某工序的夹具和编写课程设计说明书。

课程设计题目由指导教师选定，也可由学生初选，课程组审核同意后发给学生。

总时间：2~3周。

课程设计安排见表1-1。

表 1-1　课程设计安排

序号	课程设计主要内容	时间安排（课时比例）	要求
1	课程设计集中课堂学习,布置任务,熟悉零件	8%	掌握课程设计理论知识,了解课程设计各步骤要注意的问题、课程设计的目的和要求、本课程设计的主要内容和时间安排,明确本人的设计题目
2	选择加工工艺方案、确定工艺路线、设计加工工艺规程、填写工艺卡	30%	熟悉零件的技术要求,确定毛坯种类及制造方法,绘制毛坯图;会分析和选择零件的最佳工艺路线方案;选择各工序加工设备及工艺装备(刀具、夹具、量具、辅具等),确定切削用量及工序尺寸;编制机械加工工艺规程卡片(工艺过程卡片和工序卡片)
3	夹具设计	40%	熟悉各类机床夹具结构;设计某重要工序中的一种专用夹具;绘制夹具装配图,拆画零件图
4	设计说明书整理和答辩准备	14%	明确设计说明书的内容和格式
5	准备及参加答辩	8%	打印答辩材料,了解答辩过程,明确答辩顺序

1.2　设计成绩的考核

课程设计的全部图样及说明书应有设计者和指导教师的签字。未经指导教师签字的设计，不能参加答辩。

由教研室教师组成答辩小组，设计者本人应首先对自己的设计进行 10min 左右的讲解，然后进行答辩。每个学生的答辩总时间一般不超过 20min。

（1）考核标准　依据平时学习态度、工艺分析的深入程度、夹具的设计水平、图样的质量、独立工作能力和答辩情况，由答辩小组讨论评定。考核分两部分，平时成绩（30%）和答辩成绩（70%）。

（2）课程设计成绩　分为五级：优秀、良好、中等、及格和不及格。其标准如下。

优秀：

1）按时完成规定的课程设计任务。

2）图面质量好，标题栏、明细栏格式等符合机械制图国家标准的规定。

3）尺寸、公差、配合、表面粗糙度标注合理、齐全。

4）工艺规程论证充分、可行性好，机床、刀具、量具和切削用量等选择合理，工艺文件填写规范，并考虑社会、健康、安全、法律、文化以及环境等因素。

5）定位方案合理。

6）设计说明书内容充分，设计计算正确，排版规范。

7）答辩中表达能力强，回答问题正确，思路清晰，对关键问题理解正确。

良好：

1）按时完成规定的课程设计任务。

2）图面质量较好，标题栏、明细栏格式等符合机械制图国家标准的规定。

3）尺寸、公差、配合、表面粗糙度等标注比较合理、齐全。

4）工艺规程论证比较充分、可行性较好，机床、刀具、量具和切削用量等选择基本合理，工艺文件填写正确。

5）定位方案较合理。

6）设计说明书内容较充分，设计计算较正确，排版清楚。

7）答辩中表达能力较强，回答问题较正确，思路较清晰，对关键问题理解较正确。

中等：

1）按时完成规定的课程设计任务。

2）图面质量一般，基本符合机械制图国家标准的规定。

3）尺寸、公差、配合、表面粗糙度等标注基本合理、齐全。

4）工艺规程论证一般、基本可行，工艺文件可读。

5）定位方案较合理。

6）设计说明书内容一般，设计计算基本正确。

7）答辩中回答问题基本正确。

及格：

1）按时完成规定的课程设计任务。

2）图面质量一般，基本符合机械制图国家标准的规定。

3）主要尺寸、公差、配合、表面粗糙度等标注基本合理。

4）工艺规程论证基本达到要求、基本可行，工艺文件基本可读。

5）定位方案基本合理。

6）设计说明书内容一般，达到基本要求。

7）答辩中主要问题回答基本正确。

不及格：

1）未按时完成规定的课程设计任务。

2）课程设计主要部分抄袭。

3）虽按时完成规定的课程设计任务，但有下列情况之二者。

① 图面质量差，不符合机械制图国家标准的规定。

② 尺寸、公差、配合、表面粗糙度等标注不合理、不齐全。

③ 工艺规程未论证或论证简单、不合理，工艺文件凌乱。

④ 定位方案、定位误差分析计算有原则性错误。

⑤ 夹具设计有原则性错误。

⑥ 设计说明书内容空泛、排版凌乱。

⑦ 答辩中主要问题回答错误、思路不清晰。

1.3 课程设计任务书

1. 设计目的

机械制造工艺学课程设计是学完机械制造工艺学课程后进行的一个实践教学环节。它要求学生通过设计获得运用过去所学课程知识，进行工艺和结构设计的基本能力，为毕业设计进行一次综合训练。具体地说，课程设计使学生在以下方面得到锻炼：

1）能运用机械制造工艺学课程中的基本理论知识，独立解决零件在加工中的定位、夹紧等问题，合理安排加工工艺过程，从而保证加工质量。

2）提高结构设计能力。通过夹具设计获得根据加工要求设计高效、省力、经济、合理夹具的能力。

3）学会使用手册和各种图表数据资料。掌握与本设计有关的各种资料的名称和出处。

2. 设计要求

机械制造工艺学课程设计的题目为：××零件的机械加工工艺规程及夹具设计。专业和班级写全称，日期写课程设计答辩前一天。

设计题目按学号末位分组或一人一题。

生产纲领：中批或大批量生产。

设计要求包括以下几个部分：

① 任务书和零件图一份。

② 零件毛坯图一张。

③ 机械加工工艺过程卡片一套。

④ 机械加工工序卡一套。

⑤ 指定工序夹具设计任务书一张。

⑥ 夹具装配图一张。

⑦ 夹具零件图一套。

⑧ 课程设计说明书一份（>20页）。

3. 时间安排

总时间：2周（总时间1周的，课外时间补足；总时间3周的，按比例放长设计时间）。

（1）熟悉零件	1天
（2）选择加工方案、确定工艺路线、填写工艺卡	4天
（3）夹具设计	3天
（4）编写设计说明书	1天
（5）答辩	1天

4. 答辩成绩

答辩成绩占总成绩的70%。

答辩时间：每人5~10min。

5. 教室与指导安排

工艺设计要求到教室，夹具设计要用计算机绘图时可在宿舍。将进行考勤，计入平时成绩。

班级：

学号：

姓名：

指导教师：

课程负责人：

年　　　月　　　日

第1章 课程设计指导书

1.4 课程设计报告封面

机械制造工艺学课程设计报告封面（图1-1）及材料明细表（表1-2）样式如下。

机械制造工艺学课程设计报告

设计题目：××零件的机械加工工艺规程及夹具设计
生产纲领：中批

班　级	
学　号	
姓　名	
指导教师	
成　绩	

××大学××学院
年　月　日

图1-1　机械制造工艺学课程设计报告封面

表 1-2　机械制造工艺学课程设计材料明细表

编 号	名 称	件 数	页 数
1	任务书和零件图	一份	
2	零件毛坯图	一张	
3	机械加工工艺过程卡片	一套	
4	机械加工工序卡	一套	
5	夹具设计任务书	一张	
6	夹具装配图	一张	
7	夹具零件图	一套	
8	课程设计说明书	一份	

1.5　课程设计零件图

机械制造工艺学课程设计零件图样例如图 1-2 所示。

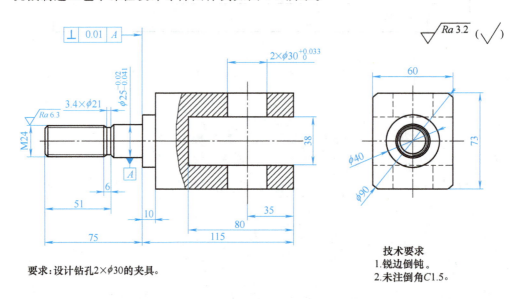

图 1-2　机械制造工艺学课程设计零件图样例

学生开始课程设计时，首先要对任务书给出的零件图进行结构工艺性审查，包括图样布置是否合理、标注是否完整规范、结构设计工艺性是否可行等，在实际生产中，图样的修改需要设计部门复核同意。在课程设计中，说明书要对任务书给出的零件图做出分析和修改意见，重新出图。夹具设计的要求在任务书给出的零件图中已标示，重新出图时可以删除夹具设计相关要求及文字。

第2章

课程设计的必备知识

2.1 常用数学资料

1. 三角函数的定义及公式

1) 勾股定理：直角三角形两直角边 a、b 的二次方和等于斜边 c 的二次方，即 $a^2+b^2=c^2$。三角函数示意图如图 2-1 所示。

定义如下，在 Rt△ABC 中，∠C 为直角，则∠A（或∠B）的锐角三角函数，见表 2-1。

2) 任意锐角的正弦值等于它的余角的余弦值，任意锐角的余弦值等于它的余角的正弦值。正余弦换算图如图 2-2 所示。

图 2-1 三角函数示意图

表 2-1 三角函数的定义

名称	定 义	表达式	取值范围	关 系
正弦	$\sin A = \dfrac{\angle A \text{ 的对边}}{\text{斜边}}$	$\sin A = \dfrac{a}{c}$	$0<\sin A<1$ （∠A 为锐角）	$\sin A = \cos B$ $\cos A = \sin B$ $\sin^2 A + \cos^2 A = 1$
余弦	$\cos A = \dfrac{\angle A \text{ 的邻边}}{\text{斜边}}$	$\cos A = \dfrac{b}{c}$	$0<\cos A<1$ （∠A 为锐角）	
正切	$\tan A = \dfrac{\angle A \text{ 的对边}}{\angle A \text{ 的邻边}}$	$\tan A = \dfrac{a}{b}$	$\tan A > 0$ （∠A 为锐角）	$\tan A = \cot B$ $\cot A = \tan B$ $\tan A = \dfrac{1}{\cot A}$ （倒数） $\tan A \cot A = 1$
余切	$\cot A = \dfrac{\angle A \text{ 的邻边}}{\angle A \text{ 的对边}}$	$\cot A = \dfrac{b}{a}$	$\cot A > 0$ （∠A 为锐角）	

图 2-2 正余弦换算图

反三角函数性质　　$\arcsin x = \dfrac{\pi}{2} - \arccos x$，　　$\arctan x = \dfrac{\pi}{2} - \text{arccot} x$

3) 增减性。当 0°≤α≤90°时，sinα 随 α 的增大而增大，cosα 随 α 的增大而减小。当

$0°<\alpha<90°$时，$\tan\alpha$ 随 α 的增大而增大，$\cot\alpha$ 随 α 的增大而减小。特殊角的三角函数值及同角三角函数的基本关系式见表2-2、表2-3。

表2-2 特殊角的三角函数值

三角函数	角度				
	0°	30°	45°	60°	90°
$\sin\alpha$	0	$\dfrac{1}{2}$	$\dfrac{\sqrt{2}}{2}$	$\dfrac{\sqrt{3}}{2}$	1
$\cos\alpha$	1	$\dfrac{\sqrt{3}}{2}$	$\dfrac{\sqrt{2}}{2}$	$\dfrac{1}{2}$	0
$\tan\alpha$	0	$\dfrac{\sqrt{3}}{3}$	1	$\sqrt{3}$	不存在
$\cot\alpha$	不存在	$\sqrt{3}$	1	$\dfrac{\sqrt{3}}{3}$	0

表2-3 同角三角函数的基本关系式

倒数关系	商 的 关 系	平 方 关 系
$\tan\alpha\cot\alpha=1$	$\dfrac{\sin\alpha}{\cos\alpha}=\tan\alpha=\dfrac{\sec\alpha}{\csc\alpha}$	$\sin^2\alpha+\cos^2\alpha=1$
$\sin\alpha\csc\alpha=1$	$\dfrac{\cos\alpha}{\sin\alpha}=\cot\alpha=\dfrac{\csc\alpha}{\sec\alpha}$	$1+\tan^2\alpha=\sec^2\alpha$
$\cos\alpha\sec\alpha=1$		$1+\cot^2\alpha=\csc^2\alpha$

2. 三角函数公式

一些常用的三角函数公式见表2-4。

表2-4 三角函数公式

正弦定理	余弦定理
$\dfrac{a}{\sin A}=\dfrac{b}{\sin B}=\dfrac{c}{\sin C}=2R$	$c^2=a^2+b^2-2ab\cos C$
（R 表示三角形的外接圆半径）	（$\angle C$ 是边 a 和边 b 的夹角）
积化和差公式	和差化积公式
$\sin\alpha\sin\beta=-\dfrac{\cos(\alpha+\beta)-\cos(\alpha-\beta)}{2}$	$\sin\alpha+\sin\beta=2\sin\dfrac{\alpha+\beta}{2}\cos\dfrac{\alpha-\beta}{2}$
$\cos\alpha\cos\beta=\dfrac{\cos(\alpha+\beta)+\cos(\alpha-\beta)}{2}$	$\sin\alpha-\sin\beta=2\cos\dfrac{\alpha+\beta}{2}\sin\dfrac{\alpha-\beta}{2}$
$\sin\alpha\cos\beta=\dfrac{\sin(\alpha+\beta)+\sin(\alpha-\beta)}{2}$	$\cos\alpha+\cos\beta=2\cos\dfrac{\alpha+\beta}{2}\cos\dfrac{\alpha-\beta}{2}$
$\cos\alpha\sin\beta=\dfrac{\sin(\alpha+\beta)-\sin(\alpha-\beta)}{2}$	$\cos\alpha-\cos\beta=-2\sin\dfrac{\alpha+\beta}{2}\sin\dfrac{\alpha-\beta}{2}$

(续)

两角和与差的三角函数公式	万能公式
$\sin(\alpha+\beta) = \sin\alpha\cos\beta + \cos\alpha\sin\beta$ $\sin(\alpha-\beta) = \sin\alpha\cos\beta - \cos\alpha\sin\beta$ $\cos(\alpha+\beta) = \cos\alpha\cos\beta - \sin\alpha\sin\beta$ $\cos(\alpha-\beta) = \cos\alpha\cos\beta + \sin\alpha\sin\beta$ $\tan(\alpha+\beta) = \dfrac{\tan\alpha+\tan\beta}{1-\tan\alpha\tan\beta}$ $\tan(\alpha-\beta) = \dfrac{\tan\alpha-\tan\beta}{1+\tan\alpha\tan\beta}$ $\cot(\alpha+\beta) = \dfrac{\cot\alpha\cot\beta-1}{\cot\beta+\cot\alpha}$ $\cot(\alpha-\beta) = \dfrac{\cot\alpha\cot\beta+1}{\cot\beta-\cot\alpha}$	$\sin\alpha = \dfrac{2\tan\dfrac{\alpha}{2}}{1+\tan^2\dfrac{\alpha}{2}}$ $\cos\alpha = \dfrac{1-\tan^2\dfrac{\alpha}{2}}{1+\tan^2\dfrac{\alpha}{2}}$ $\tan\alpha = \dfrac{2\tan\dfrac{\alpha}{2}}{1-\tan^2\dfrac{\alpha}{2}}$
半角的正弦、余弦和正切公式	三角函数的降幂公式
$\sin\dfrac{\alpha}{2} = \pm\sqrt{\dfrac{1-\cos\alpha}{2}}$ $\cos\dfrac{\alpha}{2} = \pm\sqrt{\dfrac{1+\cos\alpha}{2}}$ $\tan\dfrac{\alpha}{2} = \pm\sqrt{\dfrac{1-\cos\alpha}{1+\cos\alpha}} = \dfrac{1-\cos\alpha}{\sin\alpha} = \dfrac{\sin\alpha}{1+\cos\alpha}$	$\sin^2\alpha = \dfrac{1-\cos2\alpha}{2}$ $\cos^2\alpha = \dfrac{1+\cos2\alpha}{2}$
二倍角的正弦、余弦和正切公式	三倍角的正弦、余弦和正切公式
$\sin2\alpha = 2\sin\alpha\cos\alpha$ $\cos2\alpha = \cos^2\alpha - \sin^2\alpha$ $\quad\ = 2\cos^2\alpha - 1 = 1 - 2\sin^2\alpha$ $\tan2\alpha = \dfrac{2\tan\alpha}{1-\tan^2\alpha}$	$\sin3\alpha = 3\sin\alpha - 4\sin^3\alpha$ $\cos3\alpha = 4\cos^3\alpha - 3\cos\alpha$ $\tan3\alpha = \dfrac{3\tan\alpha - \tan^3\alpha}{1-3\tan^2\alpha}$
化 $a\sin\alpha \pm b\cos\alpha$ 为一个角的一个三角函数的形式（辅助角的三角函数公式）	
$a\sin\alpha \pm b\cos\alpha = \sqrt{a^2+b^2}\sin(\alpha\pm\phi)$ （ϕ角所在象限由 a、b 的符号确定，ϕ 角的值由 $\tan\phi = \dfrac{b}{a}$ 确定）	

3. 常用数学公式

表2-5列出了一些常用的数学公式。

表2-5 常用的数学公式

乘法与因式分解	$(a+b)^2 = a^2 + 2ab + b^2$ $a^2 - b^2 = (a+b)(a-b)$		$a^3 \pm b^3 = (a \pm b)(a^2 \mp ab + b^2)$
一元二次方程的解	$ax^2 + bx + c = 0$	$\dfrac{-b \pm \sqrt{b^2-4ac}}{2a}$	$b^2 - 4ac = 0$ （方程有相等的两个实根） $b^2 - 4ac > 0$ （方程有不等的两个实根） $b^2 - 4ac < 0$ （方程有共轭复数根）
某些数列前 n 项的和	$1+2+3+4+5+6+7+8+9+\cdots+n = n(n+1)/2$		$1+3+5+7+9+11+13+15+\cdots+(2n-1) = n^2$
	$2+4+6+8+10+12+14+\cdots+2n = n(n+1)$		$1^2+2^2+3^2+4^2+5^2+6^2+7^2+8^2+\cdots+n^2 = n(n+1)(2n+1)/6$
	$1^3+2^3+3^3+4^3+5^3+6^3+\cdots+n^3 = n^2(n+1)^2/4$		$1\times2+2\times3+3\times4+4\times5+5\times6+6\times7+\cdots+n(n+1) = n(n+1)(n+2)/3$

(续)

圆的标准方程		$(x-a)^2+(y-b)^2=r^2$ [(a,b)是圆心坐标]		
圆的一般方程		$x^2+y^2+Dx+Ey+F=0$ ($D^2+E^2-4F>0$)		
抛物线标准方程	$y^2=2px$	$y^2=-2px$	$x^2=2py$	$x^2=-2py$
直棱柱侧面积	$S=ch$	斜棱柱侧面积	$S=c'h$	
正棱锥侧面积	$S=ch'/2$	正棱台侧面积	$S=(c+c')h'/2$	
圆台侧面积	$S=(c+c')l/2=\pi(R+r)l$	球的表面积	$S=4\pi r^2$	
圆柱侧面积	$S=ch=2\pi rh$	圆锥侧面积	$S=cl/2=\pi rl$	
弧长公式	$l=\alpha r$(α是圆心角的弧度数,$r>0$)	扇形面积公式	$S=lr/2$	
锥体体积公式	$V=Sh/3$	圆锥体积公式	$V=\pi r^2h/3$	
柱体体积公式	$V=Sh$	圆柱体	$V=\pi r^2h$	
斜棱柱体积		$V=S'L$ (S'是直截面面积,L是侧棱长)		

英制与公制的换算关系见表 2-6。

表 2-6 英制与公制的换算关系

米(m)	英寸(in)	英尺(ft)
1	39.37	3.281
2.54×10^{-2}	1	8.333×10^{-2}
0.305	12	1

4. 常用物理公式

功 $W=Fs$

水压力 $F=pA$

引力 $F=k\dfrac{m_1 m_2}{r^2}$ (k 为引力系数)

2.2 毛坯选择

选择毛坯的基本任务是选定毛坯的制造方法及其制造精度。要采用优化的设计技术,提高原材料的利用率,实现绿色制造,故毛坯的选择原则如下:零件材料及力学性能要求;零件的结构形状与大小;生产类型;现有生产条件;新工艺、新材料的选用等。

1. 常用毛坯类型

(1) 铸件 形状复杂的零件毛坯,宜采用铸造方法制造。目前铸件大多用砂型铸造,它又分为木模手工造型和金属模机器造型。木模手工造型铸件精度低,加工表面余量大,生产率低,适用于单件小批生产或大型零件的铸造。金属模机器造型生产率高,铸件精度高,但设备费用高,铸件的重量也受到限制,适用于大批量生产的中小铸件。少量质量要求较高的小型铸件可采用特种铸造（如压力铸造、离心铸造或熔模铸造等）。

（2）锻件 机械强度要求较高的钢制件，一般选用锻件毛坯。锻件有自由锻件和模锻件两种。自由锻造锻件可用手工锻打（小型毛坯）、机械锤锻（中型毛坯）或压力机压锻（大型毛坯）等方法获得。这种锻件的精度低，生产率不高，加工余量较大，而且零件的结构必须简单，适用于单件小批生产，以及制造大型锻件。

模锻件的精度和表面质量都比自由锻件好，而且锻件的形状也可较为复杂，因而能减少机械加工余量。模锻的生产率比自由锻高得多，但需要特殊的设备和锻模，故适用于批量较大的中小型锻件。

（3）型钢型材 型钢型材按截面形状可分为：圆钢、方钢、六角钢、扁钢、角钢、槽钢及其他特殊截面的型材。型钢型材有热轧和冷拉两类。热轧的型材精度低，但价格便宜，用于一般零件的毛坯；冷拉的型材尺寸较小、精度高，易于实现自动送料，但价格较高，多用于批量较大的生产，适用于自动机床加工。

（4）焊接件 焊接件是用焊接方法而获得的结合件。焊接件的优点是制造简单，周期短，节省材料；缺点是抗振性差，变形大，需经时效处理后才能进行机械加工。

除此之外，还有冲压件、冷挤压件、粉末冶金等毛坯类型。

2. 常用零件的毛坯选择

（1）轴杆类零件 轴杆类零件的材料一般选择钢，最常用的毛坯是型材和锻件。其中，除光滑轴、直径变化较小的轴、力学性能要求不高的轴，其毛坯一般采用轧制圆钢制造外，其他轴杆类零件几乎都采用锻钢件为毛坯。阶梯轴的各直径相差越大，采用锻件越有利。对某些具有异形断面或弯曲轴线的轴，如凸轮轴、曲轴等，在满足使用要求的前提下，可采用球墨铸铁的铸造毛坯，以降低制造成本。在有些情况下，还可以采用锻-焊或铸-焊结合的方法来制造轴杆类零件的毛坯。具体地讲：

1）对于光滑的或有阶梯但直径相差不大的一般轴，常用型材（即热轧或冷拉圆钢）作为毛坯。

2）对于直径相差较大的阶梯轴或要承受冲击载荷和脚边应力的重要轴，均采用锻件作为毛坯。

① 生产批量较小时，采用自由锻件。

② 生产批量较大时，采用模锻件。

3）对于结构形状复杂的大型轴类零件，其毛坯采用砂型铸造件、焊接结构件或铸-焊结构毛坯。

（2）盘套类零件 盘套类零件指各种齿轮、带轮、飞轮、联轴器、套环、轴承环、端盖及螺母、垫圈等。

1）圆柱齿轮。圆柱齿轮的毛坯选择取决于齿轮的选材、结构形状、尺寸大小、使用条件及生产批量等因素。钢制齿轮毛坯的选择原则如下：

① 尺寸较小且性能要求不高，可直接采用热轧棒料。

② 直径较大且性能要求高，一般采用锻造毛坯。

生产批量较小或尺寸较大的齿轮，采用自由锻件。

生产批量较大的中小尺寸的齿轮，采用模锻件。

③ 对于直径比较大，结构比较复杂的不便于锻造的齿轮，采用铸钢或焊接组合毛坯。

2)链轮。链轮是通过链条作为中间挠性件类传递动力和运动的,其工作过程中的载荷有一定的冲击,且链齿的磨损较快。

链轮的材料大多采用钢材,最常用的毛坯为锻件。毛坯选择原则如下:

① 单件小批生产时,采用自由锻件。

② 生产批量较大时采用模锻件。

③ 新产品试制或修配件,亦可使用型材。

④ 对于齿数大于50的从动链轮也可采用强度高于HT150的铸铁,其毛坯可采用砂型铸造,造型方法视生产批量决定。

3)带轮、飞轮、手轮和垫块等。这些零件受力不大、结构复杂或以承压为主的零件,通常采用灰铸铁件,单件生产时也可采用低碳钢焊接件。

4)法兰、垫圈、套环、联轴器等。根据受力情况及形状、尺寸等不同,此类零件可分别采用铸铁件、锻钢件或圆钢棒为毛坯。厚度较小、单件或小批量生产时,也可用钢板为坯料。垫圈一般采用板材冲压成形。

5)钻套、导向套、滑动轴承、液压缸、螺母等套类零件。此类零件在工作中承受径向力或轴向力和摩擦力,通常采用钢、铸铁、有色合金材料的圆棒材或铸件或锻件制造,有的可直接采用无缝管下料。尺寸较小、大批量生产时,还可采用冷挤压和粉末冶金等方法制坯。

(3)模具毛坯 模具毛坯一般采用合金钢锻造成形。

(4)箱体机架类零件 箱体机架类零件指机身、齿轮箱、阀体、泵体、轴承座等。箱体机架类零件是机器的基础件,其加工质量将对机器的精度、性能和使用寿命产生直接影响。该类零件结构特点:箱体类零件的结构形状一般比较复杂,且内部呈腔型,为满足减振和耐磨等方面的要求,其材料一般都采用铸铁。毛坯选择原则如下:

1)为达到结构形状方面的要求,最常见的毛坯是砂型铸造的铸件。

2)在单件小批生产时,新产品试制或结构尺寸很大时,也可采用钢板焊接。

3. 铸造

铸造是指将液态金属浇注到与零件形状、尺寸相适应的铸型型腔中,待其冷却凝固后,获得一定形状的毛坯或零件的方法。形状复杂的零件,宜采用铸造方法制造毛坯。

铸造金属是指铸造生产中用于浇注铸件(图2-3)的金属材料,它是以一种金属元素为主要成分,并加入其他金属或非金属元素而组成的合金,习惯上称为铸造合金,主要有铸铁、铸钢和铸造有色合金。

(1)铸造的分类 铸造主要分为砂型铸造和特种铸造两大类。

1)砂型铸造。普通砂型(芯)铸造,利用砂作为铸型材料(又称砂铸,翻砂),它包括湿型砂型、树脂自硬砂型、水玻璃砂型、干型和表干型、实型铸造、负压造型。普通砂型铸造的优点是成本较低,因为铸型所使用的砂可重复使用;缺点是铸型制作耗时,铸型本身不能被重复使用,须破坏后才能取得成品。砂型铸造是应用最广的铸造方法,其产品占总产量的80%以上,基本工艺过程如图2-4所示。

图2-3 铸件

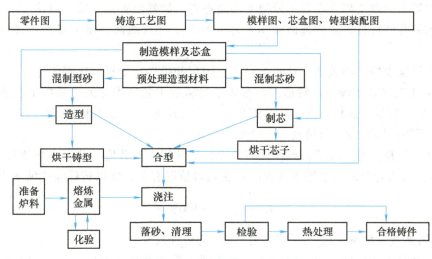

图 2-4 砂型铸造工艺过程

2）特种铸造。特种铸造包括熔模铸造、金属型铸造、压力铸造、低压铸造、离心铸造、挤压铸造、实型铸造等。

（2）铸造的优缺点　优点：可以生产形状复杂的零件，尤其是复杂内腔的毛坯；适应性广，工业上常用的金属材料均可铸造；原材料来源广，价格低廉，如废钢、废件、切屑等；铸件的形状尺寸与零件非常接近，减少了切削量，属于无屑加工；应用广泛，农业机械中40%~70%、机床中70%~80%都是铸件。

缺点：力学性能不如锻件，如组织粗大、缺陷多等；砂型铸造中，单件、小批量生产，工人劳动强度大；铸件质量不稳定，工序多，影响因素复杂，易产生铸造缺陷。从节能减排、实现双碳目标看，铸造的环境友好性需要提高。

（3）铸造工艺　铸造流程包括铸造金属准备、铸型准备和铸件处理三个阶段。铸造工艺设计是根据铸件的结构特点、技术要求、生产批量、生产条件，确定铸造方案和工艺参数，绘制工艺图，编制工艺卡和工艺规范。铸造工艺设计时要考虑：铸件的浇注位置和分型面位置，加工余量、收缩率和起模斜度等工艺参数，型芯和芯头结构，浇注系统、冒口和冷铁的布置等。

1）浇注位置的选择。浇注位置指浇注时铸件在铸型中所处的空间位置。浇注位置对铸件质量及铸造工艺有很大影响，选择时应考虑如下原则。

① 铸件的重要加工面应朝下或位于侧面，以保证获得较好质量（图2-5）。

② 铸件宽大平面应朝下，否则易造成夹砂结疤缺陷（图2-6）。

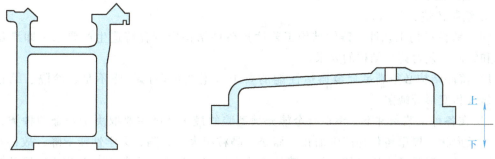

图 2-5　机床床身铸造重要加工面朝下　　　　图 2-6　铸件宽大平面朝下

③ 面积较大的薄壁部分应置于铸型下部或垂直、倾斜位置，如箱盖铸件。

④ 形成缩孔的铸件，应将截面较厚的部分置于上部或侧面，便于安置浇冒口补缩，如支架。

⑤ 应尽量减少型芯的数量，且便于安放、固定和排气，如机床床脚铸件。

2）铸造工艺参数的确定。铸造工艺参数是与铸造工艺过程有关的某些工艺数据，包括收缩余量、加工余量、起模斜度、铸造圆角、芯头芯座等，它直接影响模样、芯盒的尺寸和结构，选择不当会影响铸件的精度、生产率和成本。

① 收缩余量是为补偿收缩，模样比铸件图样尺寸增大的数值。其大小与铸件尺寸大小、结构、壁厚、铸造合金的线收缩率及收缩时受阻碍情况有关，常以铸件线收缩率表示，即

$$K=\frac{L_{模}-L_{件}}{L_{件}}\times 100\% \tag{2-1}$$

式中，K 为铸造线收缩率；$L_{模}$ 为模样尺寸；$L_{件}$ 为铸件尺寸。

② 加工余量指在铸件表面上留出的准备切削去除的金属层厚度。影响加工余量的因素有合金种类、铸造方法、铸件结构、尺寸及加工面在型内的位置等。灰铸铁件的加工余量比铸钢件要小，机器的加工余量比手工的加工余量要小。

③ 起模斜度。为便于取模，在平行于出模方向的模样表面上所增加的斜度称为起模斜度，一般用角度或宽度表示。起模斜度应根据模样高度及造型方法来确定，对有加工余量的侧面应加上加工余量再设计起模斜度，一般按增加厚度法或加减厚度法。

④ 芯头。芯头起定位和支撑型芯、排除型芯内气体的作用，它不形成铸件轮廓。

3）最小铸出孔（不铸孔）和槽。铸件中较大的孔、槽应当铸出，以减少切削量和热节，提高铸件力学性能。较小的孔和槽不必铸出，留待以后加工更为经济。当孔深与孔径比 $L/D>4$ 时，也为不铸孔；正方孔、矩形孔或气路孔的弯曲孔，当不能机械加工时原则上必须铸出；正方孔、矩形孔的最短加工边必须大于 30mm 才能铸出。详见表 3-5 最小孔径尺寸。

4）铸造工艺图的绘制流程：

① 分析铸件质量要求、结构特点和生产批量。

② 选择造型方法。

③ 选择浇注位置和分型面。

④ 确定工艺参数：加工余量、起模斜度、不铸孔、铸造收缩率。

⑤ 设计型芯。

⑥ 设计浇、冒口系统。

⑦ 绘制铸造工艺图。

（4）铸件结构工艺性　铸件结构工艺性指铸件结构应符合铸造生产要求，即满足铸造性能和铸造工艺对铸件结构的要求。

1）铸件结构必须满足合金铸造性能的要求，不然可能产生浇不足、冷隔、缩松、气孔、裂纹和变形等缺陷。

2）在各种工艺条件下，铸造合金能充满型腔的最小厚度主要取决于合金的种类、铸件的大小及形状。厚壁铸件易产生缩孔、缩松、晶粒粗大等缺陷，力学性能下降，故存在一个最大壁厚，一般是最小壁厚的三倍。铸件壁厚应均匀，避免厚大截面，并防止壁厚的突变。

3）为减少热节，防止缩孔，减少应力，防止裂纹，铸件壁间应圆角连接并逐步过渡。

4）应避免铸件收缩受阻的设计。

5）应防止铸件翘曲变形的设计。细长形或平板类铸件收缩时由于内应力易产生翘曲变形，可采用对称结构或采用加强筋；铸件收缩受阻时，易产生内应力，从而产生裂纹，故应尽量避免受阻收缩。

4. 塑性成形（锻压）

塑性成形（锻压）指固态金属在外力作用下产生塑性变形，获得所需形状、尺寸及力学性能的毛坯或零件的加工方法。具有较好塑性的材料，如钢和有色金属及其合金均可在冷态或热态下进行塑性成形加工。塑性成形主要用于主轴、曲轴、连杆、齿轮、叶轮、炮筒、枪管、吊钩、飞机和汽车零件等力学性能要求高的重要零部件。

（1）塑性成形的基本规律

1）塑性成形规律。塑性成形时金属质点流动的规律，即在给定条件下，变形体内将出现什么样的速度场和位移场，以确定物体形状、尺寸的变化及应变场，从而为选择变形工艺步骤和设计成形模具奠定基础。

2）体积不变定律。金属塑性变形前后体积不变，实际中略有缩小，可用来计算各工序尺寸。

3）最小阻力定律。塑性变形时金属质点首先向阻力最小方向移动。

（2）锻造的优缺点

1）优点：改善金属的组织，提高金属的力学性能；节约金属材料和切削加工工时，提高金属材料的利用率和经济效益；具有较高的劳动生产率；适应性广。

2）缺点：锻压件的结构工艺性要求较高，内腔复杂零件难以锻造；锻造毛坯的尺寸精度不高，一般需切削加工；需重型机器设备和较复杂模具，设备费用与周期长；噪声大，生产现场劳动条件较差，应向高端化、智能化、绿色化发展。

（3）锻压的分类

1）自由锻。根据作用与变形要求的不同，自由锻工序可分为基本工序、辅助工序和精整工序。

① 基本工序：改变坯料的形状和尺寸以达到锻件基本成形的工序，包括镦粗、拔长、冲孔、弯曲、切割、扭转、错移等。最常用的是镦粗、拔长和冲孔。

② 辅助工序：为了方便基本工序的操作，而使坯料预先产生某些局部变形的工序，如压钳口、倒棱和切肩。

③ 精整工序：修整锻件的最后尺寸和形状，消除表面的不平和歪扭，使锻件达到图样要求的工序，如修整鼓形、平整端面和矫直弯曲。

2）模锻。与自由锻相比，模锻的优点：由于有模膛引导金属的流动，锻件的形状可以比较复杂；锻件内部的锻造流线比较完整，从而提高了零件的力学性能和使用寿命；锻件表面光洁，尺寸精度高，节约材料和切削加工工时；生产率较高；操作简单，易于实现机械化；生产批量越大成本越低。模锻的缺点：模锻是整体成形，摩擦阻力大，故模锻所需设备吨位大，设备费用高；锻模加工工艺复杂，制造周期长，费用高，故只适用于中小型锻件的成批或大批生产。

3）板料冲压。板料冲压具有下列特点：可以冲压出形状复杂的零件，且废料较少；产品具有足够高的精度和较低的表面粗糙度值,冲压件的互换性较好;能获得重量轻、材料消耗少、强度和刚度都较高的零件;冲压操作简单,工艺过程便于机械化和自动化,生产率很高,故零件成本低。

板料冲压的冲模制造复杂、成本高,只有在大批量生产条件下,其优越性才显得突出。

4)特种压力加工。随着工业的不断发展,人们对压力加工生产提出了越来越高的要求,不仅应能生产各种毛坯,更需要直接生产更多的零件。近年来,在压力加工生产方面出现了许多特种工艺方法,并得到迅速发展,如精密模锻、零件挤压、零件轧制及超塑性成形等。

(4)锻压件的结构工艺性

1)自由锻件的结构工艺性。自由锻采用简单和通用性的工具,因此锻件设计时应在满足使用要求的前提下采用简单规则的形状。

2)模锻件的结构工艺性。设计模锻件时,应根据模锻特点和工艺要求,使零件结构符合下列原则:

① 模锻件应具备合理的分模面。

② 仅配合表面设计为加工面,其余为非加工面,与锤击方向平行的非加工面应有模锻斜度,连接面应有圆角。

③ 零件外形应简单、平直和对称,截面相差不宜过于悬殊,避免高肋、薄壁、凸起等不利于成形的结构。

④ 应避免窄沟、深槽、深孔及多孔结构,以利于充填和模具制造。

⑤ 形状复杂的锻件应采用锻焊或锻机械连接组合工艺,以减少余块,简化模锻工艺。

3)板料冲压件的结构工艺性。设计冲压件时,应使其在满足使用要求的前提下,具有良好的冲压工艺性能,从而保证产品质量,提高生产率,节约金属材料,降低生产成本。对各类冲压件的共同要求有:

① 材料尽量选用普通材料,尽量采用较薄板料和加强肋结构。

② 尽量采用简单而对称的外形,使坯料受力均衡,简化工序,便于模具制造。

③ 精度要求不宜过高,否则会增加精压工序。

④ 改进结构,简化工艺,节约材料。

5. 型材

(1)型钢型材　型钢型材是热轧成形的钢板、型钢、钢管和冷弯成形的薄壁型钢等的总称。角钢、槽钢和工字钢如图2-7所示。

图2-7　角钢、槽钢和工字钢

（2）铝合金型材　铝合金型材，是铝合金经过挤压形成不同截面的一种型材，一般分为工业铝合金型材、门窗铝合金型材、建筑铝合金型材、幕墙铝合金型材、散热器铝合金型材、装裱铝合金型材、轨道车辆结构铝合金型材等，如图2-8所示。

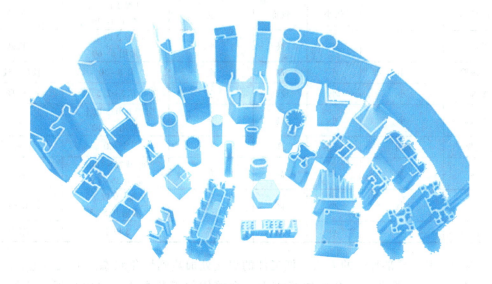

图2-8　铝合金型材

（3）塑料型材　塑料型材的原料为硬PVC、半硬PVC、软质PVC、聚氨酯等材料。塑料型材多用于窗框、楼梯扶手、异型管、走线槽等。

（4）塑钢型材　塑钢型材多用于制作门窗。其优点是价格实惠，色彩丰富，耐用，保温性好，隔音性好，水密性抗风压性好。

（5）不锈钢型材　多用于工程建设，有较好的耐蚀性，易加工制造。

6. 焊接

焊接技术在汽车制造中得到了广泛的应用，汽车的发动机、变速器、车桥、车架、车身、车厢六大总成都离不开焊接技术的应用。在汽车零部件的制造中，应用了点焊、凸焊、缝焊、滚凸焊、焊条电弧焊、CO_2气体保护焊、氩弧焊、气焊、钎焊、摩擦焊、电子束焊和激光焊等各种焊接方法。

在飞行器制造中，为保证产品的高质量与可靠性以及在运行中的全寿命可维修性，高能束流（激光、电子束、等离子体）焊接和固态焊（扩散焊、摩擦焊、超塑成形/扩散连接、扩散钎焊）的比例正在扩大。

（1）焊接的优缺点

1）优点：连接性能好，密封性好，承压能力高；省料，重量轻，成本低；加工装配工序简单，生产周期短；易于实现机械化和自动化。

2）缺点：焊接结构是不可拆卸的，更换修理不便；焊接接头的组织和性能较差；会产生焊接残余应力和焊接变形，以及焊接缺陷，如裂纹、未焊透、夹渣、气孔等。

（2）焊接方法

常用焊接方法比较见表2-7。

表 2-7 常用焊接方法比较

焊接方法	热影响区大小	变形大小	生产率	可焊空间位置	适用板厚/mm	设备费用
气焊	大	大	低	全	0.5~3	低
焊条电弧焊	较小	较小	较低	全	可焊 1 以上，常用 3~20	较低
埋弧焊	小	小	高	平	可焊 3 以上，常用 6~60	较高
CO_2 气体保护焊	小	小	高	全	0.8~30	较低~较高
氩弧焊	小	小	较高	全	0.5~2.5	较高
等离子弧焊	小	小	高	全	可焊 0.025 以上，常用 1~12	高
电子束焊	极小	极小	高	平	5~60	高
电渣焊	大	大	高	立	可焊 25~100，常用 35~450	较高
点焊	小	小	高	全	可焊 10 以下，常用 0.5~3	较低~较高
缝焊	小	小	高	平	3 以下	较高

1) 熔焊：利用局部加热的方法，把工件的焊接处加热到熔化状态，形成熔池，然后冷却结晶，形成焊缝，将两部分金属连接成为一个整体的工艺方法。常用熔焊方法如图 2-9 所示。

对于焊条电弧焊，通常焊厚板时需要较高的温度，常采用直流正接法；而焊薄板时，为了避免烧穿工件，常采用直流反接法。焊条电弧焊的角度和接线如图 2-10 和图 2-11 所示。

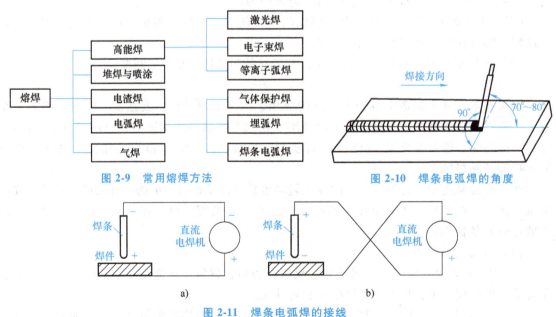

图 2-9 常用熔焊方法　　图 2-10 焊条电弧焊的角度

图 2-11 焊条电弧焊的接线
a) 正极性　b) 负极性

埋弧焊采用大电流焊接，适宜焊接较厚材料，也可焊接大直径筒体、容器，如图 2-12 所示。埋弧焊生产率高，热效率高（可达 95%），可以节省焊接材料，成本低，焊接质量好，劳动条件好。埋弧焊只适合俯位焊，不适用于 3mm 以下薄板，并且难以完成铝、钛等强氧化性金属及合金的焊接。焊接不同的材料时，应选择不同的焊丝与焊剂，如焊接低碳钢时，常用 H08A 焊丝与焊剂 431（高锰高硅型焊剂）。

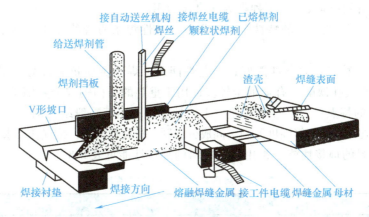

图 2-12 埋弧焊

2）压焊：在焊接过程中需要加压的一类焊接方法（图 2-13）。

3）钎焊。钎焊是采用比母材熔点低的金属材料作钎料，将焊件和钎料加热到高于钎料熔点、低于母材熔点的温度，利用液态钎料湿润母材，填充接头间隙并与母材相互扩散实现连接的焊接方法。钎焊按钎料熔点不同可分为软钎焊、硬钎焊。钎剂能除去氧化膜和油污等杂质，保护母材接触面和钎料不受氧化，并增加钎料湿润性和毛细流动性。

图 2-13 采用压焊方法

① 软钎焊：钎料熔点在 450℃ 以下的钎焊，常用锡铅钎料，松香、氯化锌溶液作钎剂。其接头强度低，工作温度低，具有较好的焊接工艺性，用于电子线路的焊接。

② 硬钎焊：钎料熔点在 450℃ 以上的钎焊，常用铜基和银基钎料，硼砂、硼酸、氯化物、氟化物组成钎剂。其接头强度较高，工作温度也高，用于机械零部件的焊接。

（3）焊条　焊条由焊芯和药皮组成。焊芯的作用：作电极，起导电作用，产生电弧，提供焊接热源；作为填充金属，与熔化的母材共同组成焊缝金属。焊芯采用焊接专用金属丝，如 H08C。药皮的作用：改善焊接工艺性；机械保护作用；冶金处理作用。焊条药皮的组成包括：稳弧剂、造气剂、造渣剂、脱氧剂、合金剂、黏结剂、稀渣剂、增塑剂等。

1）焊条的种类。

① 按用途分：碳钢焊条、低合金钢焊条、不锈钢焊条、铸铁焊条、堆焊焊条、镍和镍合金焊条、铜和铜合金焊条、铝和铝合金焊条等。

② 按药皮性质分：酸性焊条（酸性氧化物为主），碱性焊条（碱性氧化物和萤石 CaF_2 为主）。

2）焊条型号。如焊条 E4303，E 表示焊条，43 表示熔敷金属抗拉强度最小值，单位为

kgf/mm² （1kgf/mm² = 9.8MPa），03 表示焊接位置为全位置、交直流两用、钛铁矿型药皮。

3) 焊条牌号。焊条牌号是焊条行业统一的焊条代号，用一个大写汉语拼音字母和三个数字表示。如 J422，J 表示结构钢焊条，42 表示焊缝金属抗拉强度等级，单位为 kgf/mm²，2 表示药皮类型为酸性焊条、电流种类为交直流两用。

4) 碱性焊条和酸性焊条的特性。碱性焊条和酸性焊条两者的性能差别很大，使用时不能随意互换。

① 碱性焊条的特点：力学性能好；工艺性能差；焊缝金属抗裂性好；对锈、油、水的敏感性大，易出现气孔缺陷；有毒烟尘较多；用于重要的结构钢或合金钢结构。

② 酸性焊条的特点：力学性能较差，工艺性能好；用于一般结构钢。

（4）焊条的选用原则　等强度原则，同成分原则，抗裂性要求，抗气孔要求，低成本要求。

（5）金属材料的焊接性能　常用金属材料的焊接性能见表 2-8。

表 2-8　常用金属材料的焊接性能

金属材料	焊接方法										
	气焊	焊条电弧焊	埋弧焊	CO_2气体保护焊	氩弧焊	电子束焊	电渣焊	点焊缝焊	对焊	摩擦焊	钎焊
低碳钢	A	A	A	A	A	A	A	A	A	A	A
中碳钢	A	A	B	B	A	A	A	A	A	A	A
低合金钢	B	A	A	A	A	A	A	A	A	A	A
不锈钢	A	A	B	B	A	A	A	B	A	A	A
耐热钢	A	A	B	B	A	A	D	B	A	C	A
铸钢	A	A	A	A	A	A	/	B	B	B	B
铸铁	B	C	C	A	/	B	/	D	D	B	B
铜及铜合金	B	B	C	C	B	B	D	D	B	A	A
铝及铝合金	B	C	C	D	A	A	D	A	A	B	C
钛及钛合金	D	D	D	D	A	A	D	B-C	C	D	B

注：A——焊接性能好，B——焊接性能较好，C——焊接性能较差，D——焊接性能不好，/——很少采用。

1) 低碳钢：焊接性能优良，可采用任何一种焊接方法。

2) 中碳钢：焊接性能中等；焊缝易产生热裂，热影响区易产生脆硬组织甚至冷裂。常采用焊条电弧焊和气焊，须适当预热。

3) 高碳钢：焊接性能差，常采用低氢型焊条电弧焊；应预热。

4) 低合金结构钢：强度级别低的焊接性好，强度级别较高的焊接性较差。常用手工电弧焊和埋弧焊。

5) 铸铁：焊接性能差，焊接接头易产生白口和脆硬组织；裂纹倾向大；焊缝中易产生气孔和夹渣。

铸铁不宜作焊接结构材料，只进行修复性补焊。可采用热焊（400℃以上）和冷焊。焊接方法可采用电弧焊或气焊。

6) 铜及铜合金：焊接性能比低碳钢差。常采用氩弧焊、气焊和钎焊，焊前预热，焊后热处理。

① 易产生焊不透现象；导热性好，热容量大。
② 焊接应力或变形大；线膨胀系数大，凝固收缩率大。
③ 易生成氢气孔。
④ 铜在高温易氧化，引起热裂纹。
⑤ 铜合金中的合金元素易氧化和蒸发，降低焊缝力学性能，易产生热裂、气孔和夹渣。
铜及铜合金焊接时应采取如下措施：严格控制母材和填充金属的有害成分，可采用脱氧铜；清除焊件、焊丝等表面上的油、锈和水分，减少氢的来源；焊前预热，焊后再结晶退火。

7）铝及铝合金：极易氧化，应清除氧化物，采用氩气保护；容易形成气孔；容易产生热裂纹；易产生焊缝塌陷，须采用垫板。常采用氩弧焊和气焊。

8）钛及钛合金：焊接时易吸收气体使接头变脆；易产生裂纹。常采用氩弧焊、等离子弧焊、真空电子束焊和点焊。

（6）焊缝的布置　根据焊缝的截面形状可分为对接焊缝、角焊缝和塞焊缝等。焊缝布置要有利于减少焊接应力与变形；焊缝应尽量处于平焊位置，立焊、横焊次之，仰焊最差。焊缝的布置原则如下：

1）尽量减少焊缝数量及长度，缩小不必要的焊缝截面尺寸。
2）焊缝布置应避免密集或交叉。
3）焊缝布置应尽量对称。
4）焊缝布置应尽量避开最大应力位置或应力集中位置。
5）焊缝布置应避开机械加工表面。

（7）焊接接头　焊接接头的力学性能取决于它的化学成分和组织。焊接材料、焊丝和焊剂都会影响焊缝的化学成分。焊接工艺参数会影响焊接接头输入能量的大小，从而影响热影响区的大小和接头组织的粗细。

1）焊接接头的形式。常用的基本接头形式有对接接头、角接接头、T形接头、搭接接头、盖板接头、十字接头和卷边接头等。对不同厚度的板材，接头两侧板厚截面应尽量相同或相近。接头形式、工件厚度、施焊环境温度和预热等均会影响焊后冷却速度，从而影响接头的组织和性能。

对于钎焊、电阻焊点焊和缝焊采用搭接接头；对焊采用对接接头；熔焊可采用对接、搭接、角接和T形接头；气焊和钨极氩弧焊可采用卷边接头。压力容器一般采用对接接头，桁架结构一般采用搭接接头。几种常用的焊接接头如图2-14所示。

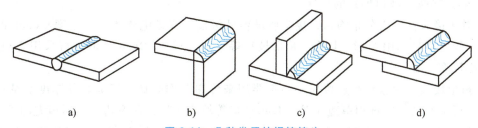

图2-14　几种常用的焊接接头
a）对接接头　b）角接接头　c）T形接头　d）搭接接头

2）焊接接头坡口形式设计。开坡口的目的是使接头根部焊透，使焊缝成形美观，通过控制坡口大小调节母材金属和填充金属的比例。坡口加工方法有气割、切削加工、碳弧气刨等。坡口形式主要取决于板料厚度。常见焊接接头坡口见表2-9。

① 对接接头的基本坡口形式：I形坡口、Y形坡口、VY形坡口、U形坡口等。同样板厚条件下，VY形比V形所需金属少，变形也小，U形比V形省焊条、省工时，焊接变形小。

② 角接接头坡口形式设计：I形坡口、错变I形坡口、Y形坡口、V形坡口等。

③ T形接头坡口形式设计：I形坡口、V形坡口等。

④ 搭接接头坡口形式设计：I形坡口、单边V形坡口、J形坡口等。

表2-9 常见焊接接头坡口

名称	工作厚度 δ/mm	符号	坡口形式	焊缝形式	说明
I形坡口	3~6				δ——板材厚度 b——对接间隙
Y形坡口	3~26				δ——板材厚度 b——对接间隙 α——坡口角度 p——钝边
VY形坡口	>20				δ——板材厚度 b——对接间隙 α——坡口角度 β——坡口面角度 H——坡口深度 p——钝边
带钝边U形坡口	20~60				δ——板材厚度 b——对接间隙 β——坡口面角度 R——根部半径 p——钝边

3）焊接接头、坡口形式的选择。

① 对接接头：应力分布均匀，接头质量容易保证。焊条电弧焊时，厚度≤6mm时不必开坡口。较厚焊件选用V形、U形、X形坡口等。对于厚度<2mm的薄件可采用弯边接头，焊时不必填充。

② 角接接头：一般只起连接作用，不能用来传递工作载荷。根据焊件厚度及结构强度的要求，可不开坡口或选用单边V形、K形坡口等填充金属，用弯边的金属填充即可。

③ T形接头：应用比较广泛，特别在船体结构中常见。根据焊件厚度及结构强度的要求，可不开坡口或选用单边V形、K形、单边双U形坡口等。

④ 搭接接头：熔焊应用较少，主要用于厂房屋架和桥梁等的焊接。点焊、滚焊受焊接方法的限制只能用搭接。

（8）焊接应力与变形

1）<u>焊接应力的危害</u>：增加结构工作时的应力，降低承载能力；引起焊接裂纹，甚至脆断；产生应力腐蚀裂纹；残余应力衰减会产生变形，引起形状、尺寸不稳定。

焊接应力的防止及消除措施如下：

① 结构设计要避免焊缝密集交叉，焊缝截面和长度要尽可能小。

② 采取合理的焊接顺序，使焊缝较自由地收缩。

③ 焊缝仍处在较高温度时，锤击或辗压焊缝使金属伸长，减少残余应力。

④ 采用小线能量焊接，多层焊，减少残余应力。

⑤ 焊前预热可减少工件温差，减少残余应力。

⑥ 焊后进行去应力退火，消除焊接残余应力。

2）焊接变形的危害：使工件形状尺寸不合要求；影响组装质量；矫正焊接变形不仅增加工时和成本，还降低接头塑性；使结构形状发生变化，并产生附加应力，降低承载能力。

焊接变形的防止及消除措施如下：

① 结构设计要避免焊缝密集交叉，焊缝截面和长度要尽可能小，防止产生焊接应力。

② 焊前组装时，采用反变形法，如图2-15所示。

③ 采用刚性固定法，但会产生较大的残余应力。

④ 采用合理的焊接规范。

⑤ 选用合理的焊接顺序，如对称焊、分段退焊。

⑥ 采用机械或火焰矫正来减少变形。

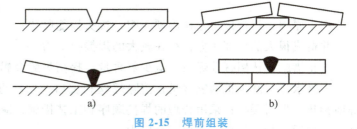

图 2-15　焊前组装

a）未采用反变形法　b）采用反变形法

（9）焊接缺陷　<u>焊接缺陷</u>

<u>主要有焊接裂纹、气孔、咬边、飞边、喷溅、未熔合、未焊透、夹渣</u>等，如图2-16所示。焊接缺陷按发生部位可分为表面缺陷和内部缺陷。

1）焊接缺陷的危害：产生应力集中，增加焊接结构工作时的应力，降低承载能力；引起裂纹，缩短使用寿命；造成脆断。

2）焊接裂纹：一种是热裂纹，指在固相线附近的高温产生的裂纹；另外一种是冷裂纹，如钢在马氏体转变温度以下产生的裂纹。

① 热裂纹。热裂纹经常发生在焊缝区，在结晶过程中产生的称为结晶裂纹；在热影响区的过热区，晶间低熔点杂质发生熔化，产生液化裂纹。其特征都是沿晶间开裂，有氧化色。

产生原因：晶间存在液态间层即硫磷低熔点共晶，焊缝结晶时，低熔点杂质偏析；存在焊接拉应力，将晶界液态间层拉裂。

防止措施：限制钢材和焊条、焊剂的低熔点杂质，如硫磷含量；控制焊接规范，适当提高焊缝成形系数；调整焊缝化学成分，加锰可避免低熔点共晶，缩小结晶温度范围，改善焊缝组织，细化焊缝晶粒，提高塑性，减少偏析；采用能减少焊接应力的工艺措施；操作上填满弧坑。

② 冷裂纹：在焊缝区和热影响区均可能产生。冷裂纹的形态有焊道下裂纹、焊趾裂纹、焊根裂纹。其特点是无分支，为穿晶型，无氧化色。

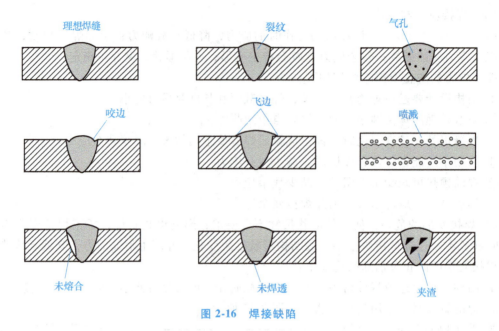

图 2-16 焊接缺陷

产生原因:焊接接头存在淬硬组织,接头性能脆化;扩散氢的含量较多,使接头性能脆化,并造成很大的局部压力;存在较大的焊接拉应力。

防止措施:选用碱性焊条,减少氢含量,提高焊缝金属塑性;焊条和焊剂使用前严格烘干,去除水分,减少扩散氢含量;清除焊丝和坡口及两侧母材的锈、油、水,减少氢来源;焊前预热,焊后缓冷;采用合理的焊接顺序和工艺措施,减少焊接应力;焊后立即进行消氢处理。焊后进行热处理,消除残余应力。

3)气孔。在熔池液体金属冷却结晶时,会产生气体,气体来不及逸出熔池表面而形成气孔。焊接气孔有氢气孔、一氧化碳气孔和氮气孔。

防止措施:焊条焊剂烘干;清除焊丝和坡口及两侧母材的锈、油、水;采用短弧焊,注意操作技术,控制焊接速度。

4)焊接缺陷的检查。

对于表面缺陷,一般用眼睛或低倍放大镜进行检查。对于表面微裂纹,可以采用着色检测或磁粉检测。

① 着色检测是一种渗透检测法,使用喷罐式气雾剂,先用清洗气雾剂清洗,再用渗透气雾剂(红色)渗透,再清洗,最后用显像气雾剂(白色)显示。

② 磁粉检测的原理是利用外加磁场在焊件上产生的磁力线,遇有裂纹等缺陷时,会弯曲跑出焊件表面,形成漏磁场,产生极性,吸附磁粉,显示裂纹等缺陷的形貌、部位和尺寸。

对于内部缺陷,常可以用射线检测和超声检测。

① 射线检测。可利用 X 射线、γ 射线和高能射线;其原理是利用射线经过裂纹等缺陷时,衰减较小,在底片感光较强,而显示出缺陷的形状、尺寸和位置。

② 超声检测。其原理是向焊接接头发出定向的超声波,遇有缺陷时,在超声波到达接头底面之前,就返回接收器,在荧光屏上显示出脉冲波形,从而判断缺陷的位置和大小,但不能判断是哪种缺陷。

（10）焊接工艺设计　焊接工艺设计的主要内容是根据焊接结构工作时的负荷大小和种类、工作环境、工作温度等使用要求，合理选择结构材料、焊接材料和焊接方法，正确设计焊接接头、制定工艺和焊接技术条件等。焊接参数是焊接时为保证焊接质量而选定的物理量（如焊接电流、电弧电压、焊接速度、线能量等）的总称。

焊接主要工艺流程为 备料——配套（装配）——焊接（点焊、检查、焊成、清渣，若CO_2焊则不需清渣工步）——焊接变形矫正——质量检验（如打压实验）——做标记——表面处理。

铆焊的工艺流程包括组装、矫正、风砂轮磨平等工序。

1）焊接的常识。

① 立焊时焊接电流比平焊少15%～20%，横焊比仰焊少10%～15%，焊料厚度大时，应取查表值电流上限值。

② 焊接装夹需要顶尖装夹的，焊前工序预留顶尖孔或30°倒角；有螺纹、加工面的，可以拧上保护帽进行保护，防止焊瘤进入。

③ 焊后热处理：如正火，能细化接头组织，改善性能。

2）焊接工艺设计的主要内容。

① 选择焊接方法、焊接设备。例如低碳钢和普通低合金结构钢的焊接性良好，可以采用各种焊接方法。若为薄板轻型结构且有密封要求则用缝焊，若无电阻焊设备可采用气焊、CO_2气体保护焊、氩弧焊等；若工件为中等厚度（4～20mm），则采用焊条电弧焊、CO_2气体保护焊、埋弧焊为宜；若工件为厚板重型结构，则采用电渣焊较合适；若是棒料、管子、型钢等对接则宜采用电阻焊或摩擦焊，无条件时可用焊条电弧焊或CO_2气体保护焊。

② 确定焊接参数。根据焊件的材料、厚度、接头形式、焊缝的空间位置、接缝装配间隙等，查阅有关手册并结合实际工作经验来确定焊接参数。例如，焊条电弧焊时，应确定焊条直径、焊接电流与电压、焊接速度、焊接顺序及方向，以及多层焊的熔敷顺序等。

③ 确定焊接热参数。焊接热参数主要由焊件的材料、焊缝的化学成分、焊接方法、结构的刚度及应力情况、焊接环境温度等来确定。例如确定预热、焊后热处理的工艺参数，包括加热温度、加热部位、保温时间及冷却方式等。

④ 选择或设计焊接工艺装备。采用焊接工艺装备主要是为了提高焊接质量和劳动生产率，改善劳动条件，降低成本。例如采用翻转装置可以将反面焊缝翻转至平焊位置施焊，焊缝成形好，工艺缺陷少，焊接速度高。在自动焊接设备中，常采用的是焊接机器人。

2.3　典型孔、外圆、平面的加工工艺路线

1. 外圆面的加工方法及选择

外圆面是轴、套、盘等类零件的主要表面或辅助表面，这类零件在机器中占有相当大的比例。不同零件上的外圆面或同一零件上不同的外圆面，往往具有不同的技术要求，需要结合具体的生产条件，拟订较合理的加工方案。

对于一般钢铁零件，外圆面加工的主要方法是车削和磨削。要求精度高、表面粗糙度值小时，往往还要进行研磨、超级光磨等光整加工。对于某些精度要求不高、仅要求

光亮的表面，可以通过抛光来获得，但在抛光前要达到较小的表面粗糙度值。对于塑性较大的非铁金属（如铜、铝合金等）零件，由于其精加工不宜用磨削，故常采用精细车削。

外圆面加工方案的选择，除考虑应达到的技术要求外，还要考虑生产类型、现场设备条件和技术水平等，以求低成本、高效率地满足质量要求。外圆面的参考加工方案见表2-10。

表2-10 外圆面的参考加工方案

序号	参考加工方案	经济加工精度公差等级（IT）（供参考）	加工表面粗糙度 $Ra/\mu m$（可达到）	适用范围
1	粗车	11~13	12.5~50	适用于淬火钢以外的各种金属
2	粗车→半精车	9~10	3.2~6.3	
3	粗车→半精车→精车	7~8	0.8~1.6	
4	粗车→半精车→精车→滚压（抛光）	5~6	0.025~0.2	
5	粗车→半精车→磨削	6~7	0.4~0.8	主要用于淬火钢，也可用于未淬火钢，但不宜加工非铁金属
6	粗车→半精车→粗磨→精磨	5~6	0.1~0.4	
7	粗车→半精车→粗磨→精磨→超精加工（轮式超精磨）	5~6	0.012~0.1	
8	粗车→半精车→精车→金刚石车	5~6	0.025~0.4	主要用于要求较高的非铁金属的加工
9	粗车→半精车→粗磨→精磨→研磨	5级以上	<0.1	极高精度的钢或铸铁的外圆加工
10	粗车→半精车→粗磨→精磨→超精磨（镜面磨）	5级以上	<0.025	

2. 孔的加工方法及选择

零件上孔的类型多种多样，使得孔的加工方法较外圆面的多，如钻削、车削、镗削、拉削、磨削等。

孔加工与外圆面加工相比，虽然在切削机理上有许多共同点，但是，在具体的加工条件上，却有着较大差异。孔加工刀具受所加工孔的限制，一般呈细长状，刚性较差；加工孔时，刀具处在工件材料的包围之中，散热条件差，切屑不易排除，切削液难以进入切削区；而且加工的情形不易直接观察到。因此，如果加工相同的精度和表面粗糙度值，孔加工要比外圆面困难，成本也高。

孔加工方法的选择和机床的选用比外圆面的要复杂得多。拟订孔的加工方案时，除考虑孔加工的技术要求外，还应考虑孔径的大小和孔的深浅，工件的材料、形状、尺寸、重量和批量，以及车间的具体生产条件（如现有加工设备、操作者技术水平等）。

若在实体材料上加工孔（多属中小尺寸的孔），必须先采用钻孔。若是对已经铸出或锻出的孔（多为中、大型孔）进行加工，则可直接采用扩孔或镗孔。

至于孔的精加工，铰孔和拉孔适用于加工未淬硬的中小直径的孔；中等直径以上的孔，可以采用精镗或精磨；淬硬的孔只能用磨削进行精加工。

在孔的光整加工方法中，珩磨多用于直径稍大的孔，研磨则对大孔和小孔都适用。孔的参考加工方案见表2-11。加工孔方案说明如下：

表 2-11 孔的参考加工方案

序号	参考加工方案	经济加工精度公差等级（IT）（供参考）	加工表面粗糙度 Ra/μm（可达到）	适用范围
1	钻	11~13	12.5~50	加工未淬火钢及铸铁的实心毛坯，也可用于加工非铁金属（但表面粗糙度值稍大），孔径小于 20mm
2	钻→铰	8~9	1.6~3.2	
3	钻→粗铰→精铰	7~8	0.8~1.6	
4	钻→扩	9~10	6.3~12.5	加工未淬火钢及铸铁的实心毛坯，也可用于加工非铁金属（但表面粗糙度值稍大），孔径大于 20mm
5	钻→扩→铰	8~9	1.6~3.2	
6	钻→扩→粗铰→精铰	7	0.8~1.6	
7	钻→扩→机铰→手铰	6~7	0.1~0.4	
8	钻→(扩)→拉(推)	7~9	0.1~1.6	大批大量生产中小零件的通孔
9	粗镗(扩)	11~12	6.3~12.5	除淬火钢外各种材料，毛坯有铸出孔或锻出孔
10	粗镗(粗扩)→半精镗(粗扩)	9~10	1.6~3.2	
11	粗镗(精扩)→半精镗(精扩)→精镗(铰)	7~8	0.8~1.6	
12	粗镗(扩)→半精镗(精扩)→精镗→浮动镗刀块精镗	6~7	0.4~0.8	
13	粗镗(扩)→半精镗→磨孔	7~8	0.2~0.8	主要用于加工淬火钢，也可用于不淬火钢，但不宜用于非铁金属
14	粗镗(扩)→半精镗→粗磨→精磨	6~7	0.1~0.2	
15	粗镗→半精镗→精镗→金刚镗	6~7	0.05~0.4	主要用于精度要求很高的非铁金属加工
16	钻→(扩)→粗铰→精铰→珩磨钻→(扩)→拉→珩磨粗镗→半精镗→精镗→珩磨	6~7	0.025~2	精度要求较高的孔
17	以研磨代替方案 16 中的珩磨	5~6	<0.1	
18	钻(粗镗)→扩(半精镗)→精镗→金刚镗→脉冲滚	6~7	0.1	成批大量生产的非铁金属零件中的小孔，铸铁箱体上的孔

（1）精度低于 IT10 以下的孔　用一般的钻孔方法即可达到（孔径<20mm）。

（2）精度达到 IT9 的孔　如果孔径小于 30mm，可采用钻模钻孔，或者钻孔后扩孔；孔径大于 30mm 的孔，一般采用钻孔后镗孔。

（3）精度达到 IT8 的孔　当孔径小于 20mm 时，应采用钻孔后铰孔；若孔径大于 20mm，可根据具体条件，选择不同的加工方案，如钻→扩→铰、钻→粗镗→半精镗，钻→(扩)→拉（推）等。

（4）精度达到 IT7 的孔　当孔径小于 20mm 时，一般采用钻孔后进行两次铰孔的方案；当孔径大于 20mm 时，可选择不同的加工方案，如钻→扩→粗铰→精铰、钻→扩→机铰→手铰。或钻→粗镗（扩）→半精镗→粗磨→精磨等。

3. 平面的加工方法及选择

根据平面的技术要求以及零件的结构形状、尺寸、材料和毛坯的种类，结合具体的加工条件（如现有设备等），平面可分别采用车、铣、刨、磨、拉等方法加工。要求更高的精密平面，可以采用刮研、研磨等进行光整加工。回转体零件的端面，多采用车削和磨削加工；其他类型的平面，以铣削或刨削加工为主。拉削仅适用于在大批量生产中加工技术要求较高且面积不太大的平面，淬硬的平面则必须用磨削加工。平面的参考加工方案见表2-12。

表2-12 平面的参考加工方案

序号	参考加工方案	经济加工精度公差等级（IT）（供参考）	加工表面粗糙度 $Ra/\mu m$（可达到）	适用范围
1	粗车→半精车	8~9	3.2~6.3	端面
2	粗车→半精车→精车	6~7	0.8~1.6	
3	粗车→半精车→磨削	7~9	0.2~0.8	
4	粗刨（粗铣）→精刨（精铣）	7~9	1.6~6.3	一般不淬硬的平面（端铣表面粗糙度值可较小）
5	粗刨（粗铣）→精刨（精铣）→刮研	5~6	0.1~0.8	刨削加工效率一般比铣削低
6	粗刨（粗铣）→精刨（精铣）→宽刃精刨	6~7	0.2~0.8	精度要求较高的不淬硬平面，批量较大时宜采用宽刃精刨方案
7	粗刨（粗铣）→精刨（精铣）→磨削	6~7	0.2~0.8	精度要求较高的淬硬平面或不淬硬平面
8	粗刨（粗铣）→精刨（精铣）→粗磨→精磨	5~6	0.2~0.4	
9	粗铣→拉	6~9	0.2~0.8	大量生产，较小的平面
10	粗铣→精铣→磨削→研磨	5级以上	<0.1	高精度平面

具体拟订加工方案时，除了参考表2-12所列的方案外，还要注意以下几点：

（1）非结合面 一般粗铣、粗刨或粗车即可。但对于平面要求光洁美观时，粗加工后仍需进行精加工或光整加工。

（2）结合面和重要结合面 如箱体或支架的固定连接平面，经粗刨（粗铣）→精刨（精铣）即可。

精度要求较高的，如车床主轴箱与床身的结合面尚需磨削或刮研。盘类零件的连接平面，一般可采用粗车→精车方案。

（3）导向平面 如机床的导轨面等，要求直线度较高，表面粗糙度值较小，常在粗刨（粗铣）→精刨（精铣）之后进行刮研或宽刃精刨，也常在导轨磨床上磨削。

（4）精密测量工具的工作面 如平板仪、量规等，常采用粗铣→精铣→磨削→研磨的加工方案。

（5）韧性较大的非铁金属平面 采用刨削时容易扎刀，采用磨削时又容易堵塞砂轮，故难以保证质量。宜采用粗铣→精铣→高速精铣方案，且有较高的生产率。

2.4 机床编号

下面以CA6140为例介绍通用机床型号。

C——机床分类代号（车床类）；

A——机床特性代号（结构特性，为区别主参数相同而结构不同的机床）；

6——机床组代号（落地及卧式车床组）；
1——机床系代号（卧式车床系）；
40——机床主参数代号（最大车削直径400mm）。

机床的类代号用大写字母表示，按其相应的汉字字意读音。机床的分类和代号见表2-13。

表2-13 机床的分类和代号

类别	车床	钻床	镗床	磨床			齿轮加工机床	螺纹加工机床	铣床	刨插床	拉床	锯床	其他机床
代号	C	Z	T	M	2M	3M	Y	S	X	B	L	G	Q
读音	车	钻	镗	磨	二磨	三磨	牙	丝	铣	刨	拉	割	其

机床的通用特性代号用大写的汉语拼音字母表示，位于类代号之后。机床的通用特性代号见表2-14。

表2-14 机床的通用特性代号

通用特性	代号	通用特性	代号
高精度	G	仿形	F
精密	M	轻型	Q
自动	Z	加重型	C
半自动	B	柔性加工单元	R
数控	K	加工中心（自动换刀）	H
数显	X	高速	S

各类主要机床的主参数名称和折算系数见表2-15。

表2-15 各类主要机床的主参数名称和折算系数

机床	主参数名称	主参数折算系数
卧式车床	床身上最大回转直径	1/10
立式车床	最大车削直径	1/100
摇臂钻床	最大钻孔直径	1/1
卧式铣镗床	镗轴直径	1/10
坐标镗床	工作台面宽度	1/10
外圆磨床	最大磨削直径	1/10
内圆磨床	最大磨削直径	1/10
矩台平面磨床	工作台面宽度	1/10
滚齿机	最大工件直径	1/10
龙门铣床	工作台面宽度	1/100
升降台铣床	工作台面宽度	1/10
龙门刨床	最大刨削宽度	1/100
插床及牛头刨床	最大插削及刨削长度	1/10
拉床	额定拉力	1/10

表 2-16 所列为通用机床的类、组划分。

表 2-16 通用机床的类、组划分

类别		组别									
		0	1	2	3	4	5	6	7	8	9
车床 C		仪表小型车床	单轴自动车床	多轴自动、半自动车床	回转、转塔车床	曲轴及凸轮轴车床	立式车床	落地及卧式车床	仿形及多刀车床	轮、轴、辊、锭及铲齿车床	其他车床
钻床 Z		—	坐标镗钻床	深孔钻床	摇臂钻床	台式钻床	立式钻床	卧式钻床	铣钻床	中心孔钻床	其他钻床
镗床 T		—	—	深孔镗床	—	坐标镗床	立式镗床	卧式铣镗床	精镗床	汽车、拖拉机修理用镗床	其他镗床
磨床	M	仪表磨床	外圆磨床	内圆磨床	砂轮机	坐标磨床	导轨磨床	刀具刃磨床	平面及端面磨床	曲轴、凸轮轴、花键轴及轧辊磨床	工具磨床
	2M	—	超精机	内圆珩磨机	外圆及其他珩磨机	抛光机	砂带抛光及磨削机床	刀具刃磨及研磨机床	可转位刀片磨削机床	研磨机	其他磨床
	3M	—	球轴承套圈沟磨床	滚子轴承套圈滚道磨床	轴承套圈超精机床	—	叶片磨削机床	滚子加工机床	钢球加工机床	气门、活塞及活塞环磨削机床	汽车、拖拉机修磨机床
齿轮加工机床 Y		仪表齿轮加工机	—	锥齿轮加工机	滚齿及铣齿机	剃齿及珩齿机	插齿机	花键轴铣床	齿轮磨齿机	其他齿轮加工机	齿轮倒角及检查机
螺纹加工机床 S		—	—	—	套丝机	攻丝机	—	螺纹铣床	螺纹磨床	螺纹车床	—
铣床 X		仪表铣床	悬臂及滑枕铣床	龙门铣床	平面铣床	仿形铣床	立式升降台铣床	卧式升降台铣床	床身铣床	工具铣床	其他铣床
刨插床 B		—	悬臂刨床	龙门刨床	—	—	插床	牛头刨床	—	边缘及模具刨床	其他刨床
拉床 L		—	—	侧拉床	卧式外拉床	连续拉床	立式内拉床	卧式内拉床	立式外拉床	键槽、轴瓦及螺纹拉床	其他拉床
锯床 G		—	—	砂轮片锯床	—	卧式带锯床	立式带锯床	圆锯床	弓锯床	锉锯床	—
其他机床 Q		其他仪表机床	管子加工机床	木螺钉加工机	—	刻线机	切断机	多功能机床	—	—	—

2.5 刀 具 选 择

1. 刀具选择总的原则

应根据机床的加工能力、工件材料的性能、加工工序、切削用量以及其他相关因素正确选用刀具及刀柄。刀具选择总的原则是：适用、安全、经济。

（1）适用　适用是要求所选择的刀具能达到加工的目的，完成材料的去除，并达到预定的加工精度。如粗加工时选择有足够大并有足够切削能力的刀具，能快速去除材料；而在精加工时，为了能把结构形状全部加工出来，要使用较小的刀具，加工到每一个角落。再如，切削低硬度材料时，可以使用高速钢刀具，而切削高硬度材料时，就必须用硬质合金刀具。

（2）安全　安全指的是在有效去除材料的同时，不会产生刀具的碰撞、折断等。要保证刀具及刀柄不会与工件相碰撞或者挤擦而造成刀具或工件的损坏。如加长的小直径刀具切削硬质的材料时，很容易折断，选用时一定要慎重。

（3）经济　经济指的是能以最小的成本完成加工。在同样可以完成加工的情形下，选择相对综合成本较低的方案，而不是选择最便宜的刀具。刀具的寿命和精度与刀具价格关系极大，必须引起注意的是，在大多数情况下，选择好的刀具虽然增加了刀具成本，但由此带来的加工质量和加工效率的提高则可以使总体成本可能比使用普通刀具更低，产生更好的效益。如进行钢材切削时，选用高速钢刀具，其进给量只能达到 100mm/min，而采用同样大小的硬质合金刀具，进给量可以达到 500mm/min 以上，可以大幅缩短加工时间，虽然刀具价格较高，但总体成本反而更低。通常情况下，优先选择经济性良好的可转位刀具。

选择刀具时还要考虑安装调整的方便程度、刚性、寿命和精度。在满足加工要求的前提下，刀具的悬伸长度尽可能短，以提高刀具系统的刚性。

选取刀具时，要使刀具的尺寸与被加工工件的表面尺寸相适应。刀具直径的选用主要取决于设备的规格和工件的加工尺寸，还需要考虑刀具所需功率应在机床功率范围之内。

2. 常用刀具的选用

（1）车削刀具　主要有外圆车刀、车孔刀、切槽刀。

1）外圆车刀。一般外圆车削常用 80°等边不等角六边形（W 型），90°正方形（S 型）和 80°菱形（C 型）刀片。仿形加工常用 55°菱形（D 型）、35°菱形（V 型）和圆形（R 型）刀片。不同的刀片形状有不同的刀尖强度，一般刀尖角越大，刀尖强度越大，反之亦然。圆形（R 型）刀片刀尖角最大，35°菱形（V 型）刀片刀尖角最小。在选用时，应根据加工条件恶劣与否，按重、中、轻切削针对性地选择。在机床刚性、功率允许的条件下，大余量、粗加工应选用刀尖角较大的刀片，反之，机床刚性和功率小、余量小、精加工时宜选用刀尖角较小的刀片。

一般粗车，主偏角可选 45°~90°；精车，可选 45°~75°；中间切入、仿形，可选 45°~107.5°；工艺系统刚性好时主偏角可选较小值，工艺系统刚性差时，主偏角可选较大值。

车端面时，主偏角一般取 45°，用于车削端面和倒角，也可用来车外圆。

2）车孔刀。车孔刀与外圆车刀相比有如下特点：

① 由于尺寸受到孔径的限制，装夹部分结构要求简单、紧凑，夹紧件最好不外露，夹

紧可靠。

② 刀杆悬臂，刚性差，为增强刀具刚性尽量选用大断面尺寸刀杆，减小刀杆长度。

③ 内孔加工的断屑、排屑可靠性比外圆车刀更为重要，因而刀具头部要留有足够的排屑空间。

3）切槽刀。切槽刀有三种形式：外圆切槽刀、内孔切槽刀、端面切槽刀。

选切槽刀的关键：仔细了解工件的槽宽与槽深，端面切槽刀还要了解其最小加工直径与最大加工直径，如果选取不当，会碰到已加工面或磨损刀体。

（2）铣削刀具　生产中，平面零件周边轮廓的加工，常采用立铣刀；铣削平面时，应选面铣刀；加工凸台、凹槽时，选高速钢立铣刀；加工毛坯表面或粗加工孔时，可选取镶硬质合金刀片的螺旋齿立铣刀；对一些立体型面和变斜角轮廓外形的加工，常采用球头铣刀、环形铣刀、锥形铣刀和盘形铣刀。

铣削盘类零件的周边轮廓一般采用立铣刀。所用的立铣刀的刀具半径一定要小于零件内轮廓的最小曲率半径。一般取最小曲率半径的 80%～90% 即可。零件的加工高度（Z 方向的吃刀量）最好不要超过刀具的半径。若是铣毛坯面，最好选用硬质合金波纹立铣刀，它在机床、刀具、工件系统允许的情况下，可以进行强力切削。铣刀的类型见表 2-17。

表 2-17　铣刀类型

铣刀类型	用　途
圆柱形铣刀	加工狭长平面
面铣刀	加工大平面
三面刃铣刀	铣弧尾槽、通槽、台阶面（刀宽精度较高）
锯片铣刀	铣窄槽、切断
立铣刀	加工圆头槽、通槽、台阶面、侧面
键槽铣刀	铣圆头封闭键槽
指形齿轮铣刀	铣各种模具型腔
角度铣刀	铣各种斜面、斜槽
成形铣刀	铣各种成形面

（3）孔加工刀具　一类是从实体材料中加工出孔的刀具，如麻花钻、扁钻、中心钻和深孔钻等。另一类是对工件上已有孔进行再加工的刀具，常用的有扩孔钻、铰刀、镗刀和拉刀。

1）麻花钻。麻花钻是常见的孔加工刀具。一般用于实体材料上的粗加工。钻孔的尺寸精度为 IT11～IT12，表面粗糙度为 $Ra50～12.5\mu m$。加工范围为 $\phi0.1～\phi80mm$，以 $\phi30mm$ 以下时最常用。

钻孔时，要先用中心钻或球头刀钻中心孔，用以引正钻头。先用较小的钻头钻孔至所需深度，再用较大的钻头进行钻孔，最后用所选定直径的钻头进行加工，以保证孔的精度。在进行较深的孔加工时，特别要注意钻头的冷却和排屑问题。

2）中心钻。中心钻用来加工各种轴类工件的中心孔。

3）深孔钻。深孔钻用于加工孔深 L 与孔径 D 之比 $L/D \geqslant 20～100$ 的特殊深孔，在加工过程中，必须解决断屑、排屑、冷却润滑和导向等问题。

4）扩孔钻。扩孔钻常用作铰孔或磨床前的预加工扩孔以及毛坯孔的扩大，做半精加工，在成批或大量生产时应用较广，扩孔的加工精度可达 IT10~IT11，表面粗糙度可达 $Ra6.3~3.2\mu m$。

5）铰刀。铰刀用于对孔进行半精加工和精加工，加工精度可达 IT6~IT8，表面粗糙度可达 $Ra1.6~0.4\mu m$。

① 机用铰刀。机用铰刀用于在机床上铰孔，常用高速工具钢制造，有锥柄和直柄两种形式。

② 手用铰刀。手用铰刀常为整体式结构。直柄方头，结构简单，手工操作，使用方便。

6）镗刀。镗刀多用于箱体孔的粗、精加工。主要类型有单刃镗刀和多刃镗刀。

① 两端都有切削刃，工作时可消除背向力对镗杆的影响，工件的孔径尺寸与精度由镗刀径向尺寸保证。

② 多采用浮动连接结构，可减小镗刀块安装误差及镗杆径向圆跳动所引起的加工误差。

③ 孔的加工精度可达 IT6~IT7，表面粗糙度达 $Ra0.8\mu m$。

7）拉刀。一种加工精度和切削效率都比较高的多齿刀具，广泛应用于大批量生产中，可加工各种内、外表面。可分为内拉刀和外拉刀。

2.6 常用量具

游标卡尺是一种精度较高的量具，可直接测出工件的内径、外径、宽度、长度或深度。游标卡尺的测量范围有 0~125mm、0~200mm、0~300mm、0~500mm 等规格，测量精度有 0.1mm、0.05mm、0.02mm 三种。图 2-17 所示为数显卡尺。

图 2-17 数显卡尺

千分尺的测量精度为 0.01mm，可分为外径千分尺（图 2-18a）、内径千分尺（图 2-18b）和深度千分尺（图 2-18c），其测量范围有 0~25mm、25~50mm、50~75mm 等多种规格。

外径千分尺常用规格：300mm 内每 25mm 一套，1000mm 内每 100mm 一套。

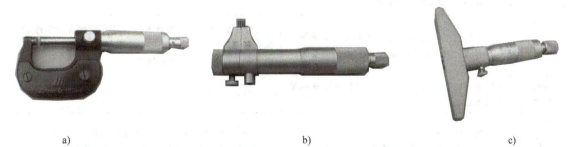

a)　　　　　　　　　　　b)　　　　　　　　　　　c)

图 2-18 千分尺

a) 外径千分尺　b) 内径千分尺　c) 深度千分尺

指示表只能测量相对读数，是一种指示式量具，用于检测工件的形状和表面相互位置的误差，也可在机床上用于工件的装夹找正。指示表的分度值为 0.01mm、0.005mm、0.002mm 或 0.001mm。

内径指示表（图 2-19）的测量范围（mm，分度值 0.01mm）：6~10、10~18、18~35、35~50、50~100、100~160、160~250、250~450。

图 2-19　内径指示表

使用游标卡尺、千分尺、指示表等量具时，事先应调好零位。

2.7　常用钢材的热处理方法

钢材热处理的目的是提高钢的力学性能，改善钢的工艺性能。其热处理大致有退火、正火、淬火和回火四种基本工艺。钢的常用热处理方法及应用见表 2-18。

表 2-18　钢的常用热处理方法及应用

名称	工艺	应用举例
退火	将钢加热到适当的温度，保持一定时间，然后缓慢冷却的热处理工艺。常用的退火方法有完全退火、球化退火、去应力退火等 安排在粗加工前，毛坯制造出来以后。毛坯生产→退火（正火）→机械粗加工	用来细化晶粒，改善组织，提高韧性；还可降低中、高碳钢的硬度，改善可加工性；也可消除铸件、锻件、焊件的内应力，防止变形、开裂
正火	将钢加热到临界点（Ac_1 或 Ac_{cm} 以上 30~50℃），保温适当时间后，在空气中冷却的热处理工艺（正火冷却速度比退火快） 安排在粗加工前，毛坯制造出来以后	用来细化晶粒，改善组织，可提高低碳钢的硬度，改善可加工性；还可提高中、低碳钢的强度和韧性
淬火	将钢加热到临界点（Ac_1 或 Ac_3 以上 30~50℃），保温一定时间并以适当速度冷却，获得马氏体或下贝氏体组织的热处理工艺。常用的淬火方法有单介质淬火、双介质淬火、马氏体分级淬火、下贝氏体等温淬火等。一般安排在磨削前	可提高钢的强度和硬度，钢中碳含量越高，淬火后硬度越高，但淬火后塑性、韧性下降，易出现淬火内应力，导致变形和开裂 一般淬火钢经回火后才能使用。如工具、定位元件的低温回火，弹簧的中温回火
回火	将淬火钢加热到 Ac_1 以下某一温度，保温一定时间，然后冷却到室温的热处理工艺。常用的回火方法有高温回火、中温回火以及低温回火	用于消除淬火内应力，降低马氏体的脆性，改善塑性和韧性
调质	钢淬火后高温回火的复合热处理工艺。常用于中碳钢和合金钢。安排在粗加工后，半精加工前	可使中碳钢或合金调质钢获得良好的综合力学性能，即具有一定的强度、硬度、塑性和韧性。一般机器中受力的重要零件都应采用调质处理
时效处理	常用于大而复杂的铸件。一般安排在毛坯制造出来和粗加工后	消除毛坯制造和机械加工中产生的内应力
表面淬火	利用快速加热的方法对工件表层进行淬火的工艺。常用的表面淬火方法有感应加热表面淬火、火焰加热表面淬火以及接触电阻加热淬火等	常用于动载荷及摩擦条件下工作的齿轮、轴等调质零件，要求表面具有高硬度和耐磨性，而心部具有良好的综合力学性能

（续）

名称	工 艺	应 用 举 例
渗碳	为了增加钢件表面的碳含量，将钢件在渗碳介质中加热并保温（一般在 900～950℃），使碳原子渗入表层 渗碳层深度：0.5～2.0mm 表面硬度：58～62HRC 可安排在磨削之前，半精加工之前或之后进行	提高工件表面的硬度和耐磨性，适用于低碳钢或合金渗碳钢件，在重负荷、受冲击及表面在较强烈的摩擦条件下工作的零件，如汽车、拖拉机的齿轮、凸轮、活塞销等
渗氮	安排在磨削之后，光整加工之前。渗氮处理前应调质	与渗碳比，工件变形较小，且渗氮层硬度更高，但厚度较薄，一般小于 0.6mm 渗氮处理后，工件具有优异的耐磨性、耐疲劳性、耐蚀性及耐高温
其他	镀铬、镀锌、发蓝（发黑）等，一般都安排在工艺过程的最后阶段进行	用于提高工件表面耐磨性、耐蚀性以及用于装饰

注：Ac_1 指加热时珠光体向奥氏体转变的温度；Ac_3 指加热时先共析铁素体全部转变为奥氏体的终了温度；Ac_{cm} 指加热时二次渗碳体全部溶入奥氏体的终了温度。

生产中，灰铸铁件、铸钢件和某些无特殊要求的锻钢件，经退火、正火或调质后，已能满足使用性能要求，不再进行最终热处理，此时上述热处理就是最终热处理。

2.8 切削液的选用

切削过程中合理选择切削液，可减小切削过程中的切削热、机械摩擦和降低切削温度，减小工件热变形及表面粗糙度值，并能延长刀具寿命，提高加工质量和生产效率，实现绿色环保生产。

1. 切削液的作用

（1）冷却作用 切削过程中，会产生大量的热量，致使刀尖附近的温度很高，而使切削刃磨损加快。充分浇注切削液能带走大量热量和降低温度，改善切削条件，起到冷却工件和刀具的作用。

（2）润滑作用 切削时，切削刃及其附近与工件被切削处发生强烈的摩擦。一方面会使切削刃磨损，另一方面会增大表面粗糙度值和降低表面质量。切削液可以渗透到工件表面与刀具后面之间及刀具前面与切屑之间的微小间隙中，减小工件、切屑与刀具之间的摩擦，提高加工表面的质量和减慢刀具的磨损速度。

（3）冲洗作用 在浇注切削液时，能把刀具和工件上的切屑冲去。使刀具不因切屑阻塞而影响切削，也可避免细小的切屑在切削刃和加工表面之间挤压摩擦而影响表面质量。

（4）防锈作用 切削液中一般添加有防锈剂，可保护工件、刀具、机床免受腐蚀，起到防锈作用。

2. 切削液的类别

生产中常用的切削液可以分为以下三类。

（1）水溶液 它的主要成分是水，并在水中加入一定量的防锈剂，其冷却性能好，润滑性能差，呈透明状，常在磨削中使用。

（2）乳化液 它是将乳化油用水稀释而成的，呈乳白色。为使油和水混合均匀，常加入一定量的乳化剂（如油酸钠皂等）。乳化液具有良好的冷却和清洗性能，并具有一定的润滑性能，适用于粗加工及磨削，主要用于钢、铸铁和非铁金属的切削加工。

（3）切削油　它主要是矿物油，特殊情况下也采用动、植物油或复合油，其润滑性能好，但冷却性能差，常用切削油有10号机械油、20号机械油、煤油和柴油等，一般用于精加工工序。

3. 切削液的选用原则

（1）按加工性质选用

1）粗加工时，切削余量大，产生热量多，温度高，而对加工表面质量的要求不高，主要要求冷却，也希望降低一些切削力及切削功率，一般应选用冷却作用较好的切削液，如水溶液或低浓度的乳化液等。

2）精加工时，加工余量小，产生热量少，对冷却作用的要求不高，而对工件表面质量的要求较高，主要希望提高工件的表面质量和减少刀具磨损，一般应选用润滑作用较好的切削液，如以润滑为主的极压切削油或高浓度的极压乳化液。

3）钻削、铰削、拉削和深孔加工时，应选用黏度较小的极压水溶液、极压乳化液和极压切削油，并应加大流量和压力。

（2）按刀具材料选用

1）高速钢刀具的耐热性较差，为了延长刀具寿命，粗加工时，用极压水溶液或极压乳化液。精加工时，用极压乳化液或极压切削油，以减小摩擦，提高表面质量和精度，延长刀具寿命。

2）硬质合金刀具高速切削，由于耐热性和耐磨性都较好，一般不使用切削液。必要时用乳化液，并在开始切削之前就连续充分地浇注，以免刀片因骤冷而碎裂。

3）使用立方氮化硼刀具或砂轮时，不宜使用水质切削液。

（3）按工件材料选用

1）加工一般钢材时，通常选用乳化液或硫化切削油。

2）铸铁、黄铜及硬铝等脆性材料，由于切屑碎末会堵塞冷却系统，容易使机床磨损，一般不加切削液。但精加工时为了降低表面粗糙度值，可采用黏度较小的煤油或7%～10%的乳化液。在低速精加工（如宽刃精刨、精铰、攻螺纹）时，为了提高工件的表面质量，可用煤油作为切削液。

3）切削非铁金属和铜合金时，不宜采用含硫的切削液，以免腐蚀工件。

4）切削镁合金时，不能用油质切削液，以免燃烧起火。

铣削时切削液的选用见表2-19。

表2-19　铣削时切削液的选用

加工材料	铣削种类	
	粗铣	精铣
碳钢	乳化液、苏打水	乳化液（低速时质量分数10%～15%,高速时质量分数5%）、极压乳化液、复合油、硫化油等
合金钢	乳化液、极压乳化液	乳化液（低速时质量分数10%～15%,高速时质量分数5%）、极压乳化液、复合油、硫化油等
不锈钢及耐热钢	乳化液、极压切削油、硫化乳化液、极压乳化液	氯化煤油、煤油加25%植物油、煤油加20%松节油和20%油酸、极压乳化液、硫化油（柴油加20%脂肪和5%硫黄）、极压切削油

(续)

加工材料	铣削种类	
	粗铣	精铣
铸钢	乳化液、极压乳化液、苏打水	乳化液、极压切削油、复合油
青铜黄铜	一般不用,必要时用乳化液	乳化液、含硫极压乳化液
铝	一般不用,必要时用乳化液、复合油	柴油、复合油、煤油、松节油
铸铁	一般不用,必要时用压缩空气或乳化液	一般不用,必要时用压缩空气或乳化液或极压乳化液

2.9 切削用量的选用

为了保证加工质量和提高生产率,应根据工件材料、精度要求和机床、刀具、夹具等情况,合理选择切削用量。加工铸件时,为了避免表面夹砂、硬化层等损坏刀具,在许可的条件下,背吃刀量应大于夹砂或硬化层深度。对有公差要求的尺寸,在加工时应尽量按其中间公差加工。

凡下一工序需进行表面淬火、超声波探伤或滚压加工的工件表面,在本工序加工的表面粗糙度不得大于 $Ra6.3\mu m$。

1. 切削速度 v_c

切削速度指主运动的线速度,单位为 m/min。以车削为例,有

$$v_c = \frac{\pi d_w n}{1000} \tag{2-2}$$

式中,n 是工件或刀具的转速(r/min);d 是工件或刀具观察点的旋转直径(mm),一般取 $d = d_w$(工件待加工表面直径)。

2. 进给量 f

进给量指刀具在进给运动方向上相对工件的位移量。

主运动是回转运动时,进给量指工件或刀具每回转一周,两者沿进给方向的相对位移量,单位为 mm/r。当主运动是直线运动时,进给量指刀具或工件每往复直线运动一次,两者沿进给方向的相对位移量,单位为 mm/双行程或 mm/单行程。

对于多齿的旋转刀具(如铣刀、切齿刀),常用每齿进给量 f_z,单位为 mm/z 或 mm/齿,它与进给量 f 的关系为:$f = zf_z$。

进给量是进给运动的单位量。车削时进给量 f 是工件每旋转一周的时间内,工件与刀具的相对位移量。

$$v_f = nf \tag{2-3}$$

式中,v_f 是进给运动速度。

3. 背吃刀量 a_p

吃刀量是指工件待加工表面与加工表面之间的垂直距离。

在通过切削刃基点并垂直于工作平面方向上测量的吃刀量,一般称为背吃刀量,单位为 mm。在一些场合,可使用"切削深度"来表示"背吃刀量"。对车削有

$$a_p = \frac{d_w - d_m}{2} \tag{2-4}$$

式中，d_w 是待加工表面直径；d_m 是已加工表面直径。

4. 切削时间 t_m

切削时间是反映切削效率高低的一种指标。

车外圆时，切削时间 t_m 的计算公式为

$$t_m = \frac{lA}{v_f a_p} \tag{2-5}$$

式中，l 是刀具行程长度；A 是半径方向加工余量。

5. 车削的切削用量

（1）背吃刀量 a_p 的选择　粗加工时，a_p 由加工余量和工艺系统的刚度决定，尽可能一次进给切除全部加工余量。

半精加工时，a_p 可取 0.5~2mm。精加工时，a_p 取 0.1~0.4mm。

在加工余量过大或系统刚性不足的情况下，粗加工可分几次进给。若分两次进给，第一次进给的 a_p 取大些，可占全部余量的 2/3~3/4，而第二次进给的 a_p 取小些，以使精加工工序具有较高的刀具寿命和加工质量。

切削有硬皮的铸件、锻件或不锈钢等加工硬化严重的材料时，应尽量使 a_p 超过硬皮或冷硬层厚度，以避免刀尖过早磨损。

（2）进给量 f 的选择　粗加工时，f 的大小主要受机床进给机构强度、刀具的强度与刚度、工件的装夹刚度等因素的限制。精加工时，f 的大小主要受加工精度和表面粗糙度的限制。

（3）切削速度的确定　生产中选择切削速度的一般原则是：

1）粗车时，a_p 和 f 均较大，故选择较低的切削速度 v_c；精车时，a_p 和 f 均较小，故选择较高的切削速度 v_c。

2）工件材料强度、硬度高时，应选较低的切削速度 v_c；反之，选较高的切削速度 v_c。

3）刀具材料性能越好，切削速度 v_c 选得越高。

4）精加工时应尽量避开积屑瘤和鳞刺产生的区域。

5）断续切削时为减小冲击和热应力，宜适当降低 v_c。

6）在易发生振动的情况下，v_c 应避开自激振动的临界速度。

7）加工大件、细长件和薄壁件或加工带外皮的工件时，应适当降低 v_c。

切削用量三要素选定之后，还应校核机床功率。

6. 铣削切削用量

（1）铣削用量的选择原则　在铣削过程中，合理地选择铣削用量，可充分地利用刀具的切削性能和机床的动力性能，在保证加工质量的前提下，获得高的生产率和低的加工成本。一般情况下，尽量一次将加工表面铣出，避免接刀留接刀痕。在工艺系统允许的条件下，首先，选用较大的背吃刀量，再选用较大的进给量，最后根据合理的刀具寿命来确定合适的切削速度。

（2）铣削用量的选择

1）铣削背吃刀量的选择

① $Ra \geq 2.5\mu m$。铣削背吃刀量可一次铣削达到所加工要求。当工艺系统较差或有加工余量时，可分两次或多次铣削。粗铣铸钢、铸铁，a_p 取 5~7mm；粗铣不带硬皮的钢料，a_p 取 3~5mm；龙门铣床铣钢料，a_p 取 12mm；铣铸铁，a_p 取 14~16mm。

② $Ra \leq 6.3\mu m$。铣削背吃刀量可分为粗铣、半精铣两次加工，粗铣中留 0.5~1mm 的余量给半精铣。

③ $Ra \leq 3.2\mu m$。铣削背吃刀量应分粗铣、半精铣、精铣。精铣 $a_p = 0.5mm$；半精铣 $a_p = 1.5$~$2mm$。

2）进给量的选择。采用高速钢铣刀加工时，在刚度允许的情况下，可采取较大的每齿进给；采用硬质合金铣刀加工时，进给量受刀齿强度的限制。当加工表面粗糙度值要求较小时，进给量的大小由粗糙度来确定。

3）铣削速度的选择。当背吃刀量 a_p 和进给量 f 选定后，在保证铣刀寿命、机床动力和刚度允许的情况下，尽量选择较大的铣削速度 v_c。

2.10　粗牙螺纹底孔

在螺纹攻螺前钻出能够保证内螺纹加工精度的孔径称为螺纹底孔，螺纹底孔根据材料性质确定大小。通俗地讲，攻螺纹不是直接在工件上面加工螺纹，而是先钻孔，然后以孔为引导，用丝锥来攻螺纹。攻螺纹之前钻的孔，即为底孔。

粗牙螺纹底孔查表得到（表 2-20），细牙螺纹底孔 d_0 通用计算公式为

$$d_0 = d - t \tag{2-6}$$

式中，d 是螺纹的公称直径；t 是螺距。

对韧性材料（如铜、黄铜）：$d_0 = d - 1.1t$。

对细牙脆性材料（如铸铁、青铜）：$d_0 = d - 1.2t$。

表 2-20　粗牙螺纹底孔　　　　　　　　　　　　　　　（单位：mm）

公称尺寸 d	螺距	推荐钻头直径	退刀槽宽（一般）	退刀槽 ϕ
1	0.25	$\phi 0.75$	0.75	
2	0.4	$\phi 1.6$	1.2	$d-0.7$
3	0.5	$\phi 2.5$	1.5	$d-0.8$
4	0.7	$\phi 3.3$	2.1	$d-1.1$
5	0.8	$\phi 4.2$	2.4	$d-1.3$
6	1	$\phi 5$	3	$d-1.6$
7	1	$\phi 6$	3	$d-1.6$
8	1.25	$\phi 6.7$	3.75	$d-2$
10	1.5	$\phi 8.5$	4.5	$d-2.3$
12	1.75	$\phi 10.2$	5.25	$d-2.6$
14	2	$\phi 11.9$	6	$d-3$
16	2	$\phi 14$	6	$d-3$

(续)

公称尺寸 d	螺距	推荐钻头直径	退刀槽宽（一般）	退刀槽 φ
18	2.5	φ15.4	7.5	d-3.6
20	2.5	φ17.4	7.5	d-3.6
22	2.5	φ19.5	7.5	d-3.6
24	3	φ20.9	9	d-4.4
27	3	φ24	9	d-4.4
30	3.5	φ26.4	10.5	d-5
33	3.5	φ29.2	10.5	d-5
36	4	φ32	12	d-5.7
42	4.5	φ37.3	13.5	d-6.4
45	4.5	φ40.5	13.5	d-6.4
48	5	φ42.7	15	d-7
52	5	φ47	15	d-7
64	6	φ58	18	d-8.3

2.11 常用材料的选用

1. 常用金属材料的可加工性

（1）非铁金属　普通铝及铝合金、铜及铜合金，强度、硬度低，导热性好，易加工。

（2）铸铁

1）白口铸铁硬度高（600HBW），难切削。

2）灰铸铁硬度适中，强度、塑性小，切削力较小，但高硬度碳化物对刀具有擦伤，崩碎切屑，切削力、切削热集中于切削刃上且有波动，刀具磨损率较高，应采用低于加工钢的切削速度。

3）球墨铸铁、可锻铸铁的强度、塑性比灰铸铁高，可加工性良好。

工件表面若有硬皮应进行退火处理。

（3）结构钢　分碳素结构钢和合金结构钢。

1）碳素结构钢。可加工性取决于含碳量。

① 低碳钢：硬度低，塑韧性高，变形大，断屑难，粘屑，加工表面粗糙，可加工性较差。

② 高碳钢：硬度高，塑性低，切削力大，温度高，刀具寿命短，可加工性差。

③ 中碳钢：性能适中，可加工性良好。

2）合金结构钢。强度、硬度提高，可加工性变差。

（4）难加工材料　高强度、硬度，高塑性、韧性或高脆性，耐高温，导热性差的材料。切削力大，温度高，刀具磨损快，断屑难，可加工性差。

2. 常用材料及用途

常用材料及用途见表2-21。常用材料的体积质量（密度）见表2-22。

表 2-21　常用材料及用途

材料牌号	说　明	用　途
Q195	旧标 A1，R_m/MPa：315～430	用于制造承载较小的零件、铁丝、垫圈、垫铁、开口销、拉杆、冲压件以及焊接件等
Q215	旧标 A2、C2，R_m/MPa：335～450	用于制造拉杆、套圈、垫圈、渗碳零件以及焊接件等
Q235	旧标 A3、C3，R_m/MPa：370～500	A、B 级用于制造金属结构件、心部强度要求不高的渗碳件或碳氮共渗件、拉杆、连杆、吊钩、车钩、螺栓、螺母、套筒、轴以及焊接件 C、D 级用于制造重要的焊接结构件
Q275	旧标 A4、C4、C5，R_m/MPa：410～540	用于制造轴类、链轮、齿轮、吊钩等强度要求较高的零件
15	热处理：正火、回火	塑性、韧性、焊接性能和冲压性能均极好，但强度较低，用于制造受力不大、韧性要求较高的零件、紧固件、冲压件以及不要求热处理的低负荷零件，如螺栓、螺钉、拉条、法兰盘等
20	热处理：正火、回火	用于制造不承受很大应力而要求很高韧性的机械零件，如杠杆、轴套、螺钉、起重钩等。还可用于制造表面硬度高而心部有一定强度和韧性的渗碳零件
45	热处理：正火、回火、调质	用于制造强度要求较高、韧性中等的零件，通常在调质、正火状态下使用，表面淬火硬度一般为 40～50HRC，如齿轮、齿条、链轮、轴、键、销、压缩机及泵的零件和轴辊等。可代替渗碳钢制造齿轮、轴、活塞销等，但要经过高频淬火或火焰表面淬火
60		具有相当高的强度和弹性，但淬火时有产生裂纹的倾向，仅小型零件才能进行淬火，大型零件多采用正火。用于制造轴、弹簧、垫圈、离合器、凸轮等。冷变形时塑性较低
20Mn	热处理：正火	此钢为高锰低碳渗碳钢。可用于制造凸轮轴、齿轮、联轴器、铰链、拖杆等。此钢焊接性能尚可
60Mn	热处理：正火	此钢的强度较高，淬透性较碳素弹簧钢好，脱碳倾向性小，但有过热敏感性，容易产生淬火裂纹，并有回火脆性。适于制造螺旋弹簧、板簧、各种扁圆弹簧、弹簧环和片以及冷拔钢丝（小于 7mm）和发条等
15Cr		用于制造心部要求韧性高的渗碳零件，如螺栓、活塞销、凸轮、凸轮轴等
20Cr		用于制造心部要求强度较高、表面承受磨损且尺寸较大的渗碳零件，如齿轮、活塞销、轴等。渗碳淬火后硬度为 56～62HRC
20CrMnTi		此钢为重要齿轮材料，用于制造一般要求强度、韧性均高的减速齿轮，渗碳淬火后硬度为 56～62HRC
40Cr		用于制造较重要的调质零件，如连杆、螺栓、进气阀、重要齿轮、轴、曲轴、曲柄等。表面淬火后硬度为 48～55HRC。零件截面在 50mm 以下时，油淬后有较高的疲劳强度
65Mn		此钢强度高，淬透性较好，可淬透 20mm 直径，脱碳倾向小，但有过热敏感性，易产生淬火裂纹，并有回火脆性。适于制造较大尺寸的扁圆弹簧、座垫板簧、弹簧发条、弹簧环、冷卷簧等
GCr15		用于制造直径小于 10mm 的滚珠、滚柱、滚锥、滚针；20mm 以内的滚动轴承，壁厚小于 14mm、外径小于 250mm 的轴承套，20～50mm 的钢球，直径 25mm 的滚柱或滚轮、靠模、衬套、销子等易磨损零件等

(续)

材料牌号	说明	用途
W18Cr4V		普通高速钢，容易磨得光洁锋利。适于制造形状复杂、热处理后刃形需要磨制的刀具，如拉刀、齿轮刀具等
QT500-7	球墨铸铁	用于制造油泵齿轮、阀体以及承受中等载荷的夹具体和零件等
HT200	灰铸铁	用于制造气缸、齿轮、底架、机体、飞轮、齿条、衬筒；一般机床铸有导轨的床身以及中等压力的液压筒、液压泵及阀门壳体等
QSn4-4-2.5	锡青铜	承受摩擦的零件，如轴套等
LY11	硬铝合金	用于制造中等强度的结构件、冲压的连接件，如骨架、模锻的固定接头、支柱、螺栓、铆钉等
尼龙6(干态)	热变形温度 180℃ 抗拉强度 55MPa	轻负荷、中等温度(最高 180~100℃)、耐磨受力传动件、手动齿轮等
聚甲醛(POM)	热变形温度 158℃ 抗拉强度：屈服 60.7~66.6MPa	轴承、齿轮、凸轮、喷雾器的各种代铜零件
聚四氟乙烯(PTFE,F-4)	热变形温度 121℃ 抗拉强度 13.7~24.5MPa	耐腐蚀、耐高温密封件、轴承、导轨、耐磨件
聚氯乙烯(硬质 PVC)	热变形温度 56~73℃ 抗拉强度 44~49MPa	耐磨蚀材料和设备衬里管、棒、板、管件、罩
有机玻璃(372)	热变形温度 85~100℃ 抗拉强度 ≥49MPa	有一定强度的透明结构件

注：牌号中的 Q 代表屈服强度，后面的数字代表屈服强度数值。

表 2-22 常用材料的体积质量（密度） （单位：g/cm³）

材料名称	密度	材料名称	密度	材料名称	密度
碳钢	7.3~7.85	硝化纤维塑料	1.4	轧锌	7.1
铸钢	7.8	黄铜	8.4~8.85	铅	11.37
高速钢(钨的质量分数为9%)	8.3	铸造黄铜	8.62	锡	7.29
高速钢(钨的质量分数为18%)	8.7	锡青铜	8.7~8.9	金	19.32
合金钢	7.9	无锡青铜	7.5~8.2	银	10.5
镍铬钢	7.9	轧制磷青铜	8.8	汞	13.55
灰铸铁	7.0	冷拉青铜	8.8	镁合金	1.74~1.81
白口铸铁	7.55	工业用铝	2.7	硅钢片	7.55~7.8
可锻铸铁	7.3	可铸铝合金	2.7	锡基轴承合金	7.34~7.55
纯铜	8.9	铝镍合金	2.7	铅基轴承合金	9.33~10.67
硬质合金(钨钴)	14.4~14.9	镍	8.9	生石灰	1.1
硬质合金(钨钴钛)	9.5~12.4	酚醛层压板	1.3~1.45	熟石灰	1.2
胶木板、纤维板	1.3~1.4	尼龙6	1.13~1.14	混凝土	1.8~2.45
纯橡胶	0.93	尼龙66	1.14~1.15	水泥	1.2~1.4
皮革	0.4~1.2	尼龙1010	1.04~1.06	黏土耐火砖	2.1
聚氯乙烯	1.35~1.40	橡胶夹布传动带	0.3~1.2	硅质耐火砖	1.8~1.9
聚苯乙烯	0.91	木材	0.4~0.75	镁质耐火砖	2.6
有机玻璃	1.18~1.19	石灰石	2.4~2.6	镁铬质耐火砖	2.8
无填料的电木	1.2	花岗石	2.6~3.0	高铬质耐火砖	2.2~2.5
		砌砖	1.9~2.3	碳化硅	3.1

2.12 表面粗糙度知识

按 1993 年版旧标准规定，如果工件的多数或全部表面有相同的表面结构要求时，其代号可统一标注在图样的右上角。当部分表面有相同的表面结构要求时，还应在表面结构参数前面注写"其余"字样。而新标准 GB/T 131—2006 对此情况则规定为表面结构符号一律统一标注在图样标题栏附近。并且不论哪种情况，都不必标注"其余"二字。也就是说，按新标准规定，不论是何种简化标注方式，表面结构符号均应统一标注在图样的标题栏附近。不要再将表面结构要求的符号标注在图样的右上角。

表面结构图形符号不应倒着标注，也不应指向左侧标注。遇到这种情况时应采用指引线标注，如图 2-20 所示。而旧标准则没有此限制。表面粗糙度符号及意义见表 2-23。

图 2-20 表面结构符号的标注方向

表 2-23 表面粗糙度符号及意义

符号	意义及说明
∨	基本图形符号，未指定工艺方法的表面，当通过一个注释解释时可单独使用
∀	扩展图形符号，用去除材料方法获得的表面；仅当其含义是"被加工表面"时可单独使用
∨○	扩展图形符号，不去除材料的表面，也可用于表示保持上道工序形成的表面，不管这种状况是通过去除或不去除材料形成的
✓ ✓ ✓	完整图形符号，在以上各种符号的长边上加一横线，以便注写对表面结构的各种要求
✓ ✓ ✓	视图上封闭轮廓各表面有相同的表面结构要求时的符号
(位置图 a, b, c, d, e)	为了表示表面结构的要求，除了标注表面结构参数和数值外，必要时应标注补充要求，包括传输带、取样长度、加工工艺、表面纹理及方向、加工余量等。这些要求在图形符号中的注写位置： 位置 a——注写表面结构的单一要求； 位置 a 和 b——a 注写第一个表面结构要求，b 注写第二个表面结构要求； 位置 c——注写加工方法，如"车""磨""镀"等； 位置 d——注写表面纹理和方向，如"=""X""M"； 位置 e——注写加工余量

在图样中一般采用上述的图形法标注表面结构要求。在文本中采用图形法来表示表面结构要求较麻烦。因此，为了书写方便，新标准 GB/T 131—2006 允许用文字的方式表达表面

结构要求。新标准规定，在报告和合同的文本中可以用文字"APA""MRR""NMR"分别表示允许用任何工艺获得表面、允许用去除材料的方法获得表面以及允许用不去除材料的方法获得表面。这项规定是旧标准所没有的。例如，对允许用去除材料的方法获得表面、其评定轮廓的算术平均偏差为 0.8 这一要求，在文本中可以表示为"MRR Ra0.8"。

表面结构代号及意义见表 2-24。

表 2-24 表面结构代号及意义

代号	意义
∇ Rz 0.4	表示不允许去除材料，单向上限值，默认传输带，R 轮廓，表面粗糙度的最大高度 0.4μm，评定长度为 5 个取样长度（默认），"16% 规则"（默认）
∇ Rz max 0.2	表示去除材料，单向上限值，默认传输带，R 轮廓，表面粗糙度最大高度的最大值 0.2μm，评定长度为 5 个取样长度（默认），"最大规则"
∇ 0.008-0.8/Ra 3.2	表示去除材料，单向上限值，传输带 0.008~0.8mm，R 轮廓，算术平均偏差 3.2μm，评定长度为 5 个取样长度（默认），"16% 规则"（默认）
∇ -0.8/Ra 3 3.2	表示去除材料，单向上限值，传输带：根据 GB/T 6062—2009，取样长度 0.8mm（λ_c，默认 0.0025mm），R 轮廓，算术平均偏差 3.2μm，评定长度包含 3 个取样长度，"16% 规则"（默认）
∇ U Ra max 3.2 L Ra 0.8	表示不允许去除材料，双向极限值，两极限值均使用默认传输带，R 轮廓。上限值：算术平均偏差 3.2μm，评定长度为 5 个取样长度（默认），"最大规则"；下限值：算术平均偏差 0.8μm，评定长度为 5 个取样长度（默认），"16% 规则"（默认）。用"U"和"L"分别表示上限值和下限值

注：当允许在表面粗糙度参数的所有实测值中超过规定值的个数少于总数的 16% 时，应在图样上标注表面粗糙度参数的上限值或下限值，当要求在表面粗糙度参数的所有实测值中不得超过规定值时，应在图样上标注表面粗糙度参数的最大值或最小值。

表面粗糙度的选用参见表 2-25。

表 2-25 表面粗糙度的选用

Ra（不大于）/μm	表面状况	加工方法	应用举例
50	刀痕明显	粗车、镗、刨、钻	粗加工的表面，如粗车、粗刨、切断等表面，用粗镗刀和粗砂轮等加工的表面，较少采用
25	明显可见的刀痕	粗车、镗、刨、钻	粗加工后的表面，焊接前的焊缝、粗钻孔壁等
12.5	可见刀痕	半精车、刨、铣、钻	一般非结合表面，如轴的端面、倒角、齿轮及带轮的侧面、键槽的非工作表面，减重孔眼表面
6.3	可见加工痕迹	半精车、镗、刨、钻、铣、锉、磨、粗铰、铣齿	不重要零件的配合表面，如支柱、支架、外壳、衬套、轴、盖等的端面。紧固件的自由表面，紧固件通孔的表面，内、外花键的非定心表面，不作为计量基准的齿轮顶圈圆表面等
3.2	微见加工痕迹	精车、镗、刨、铣、刮 1~2 点/cm²、拉、磨、锉、滚压、铣齿	和其他零件连接不形成配合的表面，如箱体、外壳、端盖等零件的端面。要求有定心及配合特性的固定支承面，如定心的轴肩，键和键槽的工作表面。不重要的紧固螺纹的表面。需要滚花或发蓝处理的表面

(续)

Ra（不大于）/μm	表面状况	加工方法	应用举例
1.6	看不清加工痕迹	车、镗、刨、铣、铰、拉、磨、滚压、刮 1~2 点/cm²、铣齿	安装直径超过 80mm 的 G 级轴承的外壳孔，普通精度齿轮的齿面，定位销孔，V 带的表面，大径定心的内花键大径，轴承盖的定中心凸肩表面
0.8	可辨加工痕迹的方向	车、镗、拉、磨、立铣、刮 3~10 点/cm²、滚压	要求保证定心及配合特性的表面，如锥销与圆柱销表面，与 G 级精度滚动轴承相配合的轴径和外壳孔，中速转动的轴径，直径超过 80mm 的 E、D 级滚动轴承配合的轴径及外壳孔，内、外花键的定心内径，外花键侧及定心外径，过盈配合 IT7 级的孔（H7），间隙配合 IT8~IT9 级的孔（H8、H9），磨削的齿轮表面等
0.4	微辨加工痕迹的方向	铰、磨、镗、拉、刮 3~10 点/cm²、滚压	要求长期保持配合性质稳定的配合表面，IT7 级的轴、孔配合表面，精度较高的齿轮表面，受变应力作用的重要零件，与直径小于 80mm 的 E、D 级轴承配合的轴径表面、与橡胶密封件接触的轴的表面，尺寸大于 120mm 的 IT13~IT16 级孔和轴用量规的测量表面
0.2	不可辨加工痕迹的方向	布轮磨、磨、研磨、超级加工	工作时受变应力作用的重要零件表面。保证零件的疲劳强度、防腐性和耐久性，并在工作时不破坏配合性质的表面，如轴径表面、要求气密的表面和支承表面，圆锥定心表面等。IT5、IT6 级配合表面，高精度齿轮的表面，与 G 级滚动轴承配合的轴径表面，尺寸大于 315mm 的 IT7~IT9 级孔用和轴用量规及尺寸大于 120~315mm 的 IT10~IT12 级孔用和轴用量规的测量表面等
0.1	暗光泽面		工作时承受较大变应力作用的重要零件的表面。保证精确定心的锥体表面。液压传动用的孔表面。气缸套的内表面，活塞销的外表面，仪器导轨面，阀的工作面。尺寸小于 120mm 的 IT10~IT12 级孔用和轴用量规测量面等
0.05	亮光泽面	超级加工	保证高度气密性的接合表面，如活塞、柱塞和气缸内表面，摩擦离合器的摩擦表面。对同轴度有精确要求的孔和轴。滚动导轨中的钢球或滚子和高速摩擦的工作表面
0.025	镜面光泽面		高压柱塞泵中柱塞和柱塞套的配合表面，中等精度仪器零件配合表面，尺寸大于 120mm 的 IT6 级孔用量规、小于 120mm 的 IT7~IT9 级轴用和孔用量规测量表面
0.012	雾状镜面		仪器的测量表面和配合表面，尺寸超过 100mm 的量规工作面

表 2-26 所列为公差等级与表面粗糙度 Ra 对照表。

表 2-26　公差等级与表面粗糙度 Ra 对照表　　　　　　（单位：μm）

序号	公称尺寸/mm	IT6	IT7	IT8	IT9	IT10	IT11	IT12
1	>0~10	0.2	0.8	0.8	1.6	1.6	1.6	3.2
2	>10~18	0.2	0.8	0.8	1.6	1.6	3.2	3.2

(续)

序号	公称尺寸/mm	IT6	IT7	IT8	IT9	IT10	IT11	IT12
3	>18~30	0.2	0.8	1.6	1.6	1.6	3.2	3.2
4	>30~50	0.4	0.8	1.6	1.6	3.2	3.2	3.2
5	>50~80	0.4	1.6	1.6	1.6	3.2	3.2	3.2
6	>80~120	0.4	1.6	1.6	3.2	3.2	3.2	6.3
7	>120~180	0.4	1.6	1.6	3.2	3.2	6.3	6.3
8	>180~250	0.8	1.6	1.6	3.2	6.3	6.3	6.3

2.13　常用公差和配合的选用

公差值的选用原则如下。

1) 根据零件的功能要求，并考虑加工的经济性和零件的结构、刚性等情况，按 1、1.2、1.5、2、2.5、3、4、5、6、8 数系确定要素的公差值，并考虑下列情况。

① 在同一要素上给出的形状公差值应小于位置公差值。如要求平行的两个表面，其平面度公差值应小于平行度公差值。

② 圆柱形零件的形状公差值（轴线的直线度除外），一般情况下应小于其尺寸公差值。

③ 平行度公差值应小于其相应的距离公差值。

2) 对于下列情况，考虑到加工的难易程度和除主参数外其他参数的影响，在满足零件功能的要求下，适当降低 1~2 级选用。

① 孔相对于轴。

② 细长比较大的轴或孔。

③ 距离较大的轴或孔。

④ 宽度较大（一般大于长度的 1/2）的零件表面。

⑤ 线对线和线对面相对于面对面的平行度。

⑥ 线对线和线对面相对于面对面的垂直度。

加工能达到的标准公差等级见表 2-27。公差等级和加工成本的关系见表 2-28。

表 2-27　加工能达到的标准公差等级

加工方法	公差等级 IT																
	01	0	1	2	3	4	5	6	7	8	9	10	11	12	13	14	15	16
研磨																		
珩磨																		
内、外圆磨																		
平磨																		
金刚石车																		
金刚石镗																		
拉削																		

（续）

加工方法	公差等级 IT																	
	01	0	1	2	3	4	5	6	7	8	9	10	11	12	13	14	15	16
铰孔																		
车																		
镗																		
铣																		
刨、插																		
钻孔																		
滚压、挤压																		
冲压																		
压铸																		
粉末冶金成形																		
粉末冶金烧结																		
砂型铸造、气割																		
铸造																		

表 2-28 公差等级和加工成本的关系

类型	加工方法	公差等级 IT															
		1	2	3	4	5	6	7	8	9	10	11	12	13	14	15	16
外径	普通车削																
	转塔车床车削																
	自动车削																
	外圆磨																
	无心磨																
内径	普通车削																
	转塔车床车削																
	自动车削																
	钻																
	铰																
	镗																
	精镗																
	内圆磨																
	研磨																
长度	普通车削																
	转塔车床车削																
	自动车削																
	铣																

注：底纹由浅到深表示成本比例为 1 : 2.5 : 5。

表 2-29 所列为轴的基本偏差选用说明和应用。

表 2-29 轴的基本偏差选用说明和应用

配合	基本偏差	配合特性及应用	配合	基本偏差	配合特性及应用
间隙配合	a、b	可得到特别大的间隙,应用很少	过渡配合	js	为完全对称偏差($\pm IT/2$)、平均起来为稍有间隙的配合,多用于 IT4~IT7 级,要求间隙比 h 轴配合时小,并允许略有过盈的定位配合,如联轴器、齿圈与钢制轮毂,一般可用手或木槌装配
	c	可得到很大间隙,一般适用于缓慢、松弛的间隙配合,用于工作条件较差(如农业机械)、受力变形,或为了便于装配,而必须保证有较大间隙时。推荐配合为 H11/c11。其较高等级的配合,如 H8/c7 适用于轴在高温机工作的紧密间隙配合,如内燃机排气阀和导管		k	平均起来没有间隙的配合。适用于 IT4~IT7 级,推荐用于要求稍有过盈的定位配合,如为了消除振动用的定位配合。一般用木槌装配
	d	一般用于 IT7~IT11 级,适用于松的转动配合,如密封盖、滑轮、空转带轮等与轴的配合。也适用于大直径滑动轴承配合,如透平机、球磨机、轧滚成形和重型弯曲机及其他重型机械中的一些滑动支承		m	平均起来具有不大过盈的过渡配合,适用于 IT4~IT7 级。一般可用木槌装配,但在最大过盈时,要求相当的压入力
	e	多用于 IT7~IT9 级,通常适用于要求有明显间隙,易于转动的支承配合,如大跨距支承、多支点支承等配合,高等级的 e 轴适用于大的、高速、重载支承,如涡轮发电机、大型电动机支承等,也适用于内燃机主要轴承、凸轮轴支承、摇臂支承等配合		n	平均过盈比用 m 轴时稍大,很少得到间隙,适用于 IT4~IT7 级。用锤或压力机装配。通常推荐用于紧密的组件配合。H6/n5 为过盈配合
	f	多用于 IT6~IT8 级的一般转动配合。当温度差别不大,对配合基本上没影响时,被广泛用于普通润滑油(或润滑脂)润滑的支承,如齿轮箱、小电动机、泵等的转轴与滑动支承的配合	过盈配合	p	与 H6 或 H7 孔配合时是过盈配合,而与 H8 孔配合时为过渡配合。对非铁制零件,为较轻的压入配合,当需要时易于拆卸。对钢、铸铁或铜、钢组件装配是标准压入配合。对弹塑性材料,如轻合金等,往往要求很小的过盈,可采用 p 轴配合
	g	多用于 IT5~IT7 级,配合间隙很小,制造成本高,除很轻载荷的精密装置外,不推荐用于转动配合,最适合不回转的精密滑动配合,也用于插销等定位配合,如精密连杆轴承、活塞及滑阀、连杆销等		r	对铁制零件,为中等打入配合,对非铁制零件,为轻的打入配合,当需要时可以拆卸。与 H8 孔配合,直径在 100mm 以上时为过盈配合,直径小时为过渡配合
	h	多用于 IT4~IT11 级,广泛应用于无相对转动的零件,作为一般的定位配合。若没有温度、变形的影响,也用于精密滑动配合		s	用于钢和铁制零件的永久性和半永久性装配,过盈量充分,可产生相当大的结合力。当用弹塑性材料,如轻合金时,配合性质与铁类零件的 p 轴相当。如套环压在轴上、阀座等配合。尺寸较大时,为了避免损伤配合表面,需用热胀或冷缩法装配
				t、u、v、x、y、z	过盈量依次增大,除 u 外,一般不推荐

对于基孔制,优先配合有 13 种(表 2-30)。对于基轴制,优先配合同样有 13 种(表 2-31)。表 2-32 所列为优先、常用配合的特征及应用。

表 2-30 基孔制优先、常用配合

基准孔	轴																			
	a	b	c	d	e	f	g	h	js	k	m	n	p	r	s	t	u	v	x	y	z
	间隙配合								过渡配合				过盈配合							
H6						$\frac{H6}{f5}$	$\frac{H6}{g5}$	$\frac{H6}{h5}$	$\frac{H6}{js5}$	$\frac{H6}{k5}$	$\frac{H6}{m5}$	$\frac{H6}{n5}$	$\frac{H6}{p5}$	$\frac{H6}{r5}$	$\frac{H6}{s5}$	$\frac{H6}{t5}$					
H7						$\frac{H7}{f6}$	$\frac{H7}{g6}$	$\frac{H7}{h6}$	$\frac{H7}{js6}$	$\frac{H7}{k6}$	$\frac{H7}{m6}$	$\frac{H7}{n6}$	$\frac{H7}{p6}$	$\frac{H7}{r6}$	$\frac{H7}{s6}$	$\frac{H7}{t6}$	$\frac{H7}{u6}$	$\frac{H7}{v6}$	$\frac{H7}{x6}$	$\frac{H7}{y6}$	$\frac{H7}{z6}$
H8					$\frac{H8}{e7}$	$\frac{H8}{f7}$	$\frac{H8}{g7}$	$\frac{H8}{h7}$	$\frac{H8}{js7}$	$\frac{H8}{k7}$	$\frac{H8}{m7}$	$\frac{H8}{n7}$	$\frac{H8}{p7}$	$\frac{H8}{r7}$	$\frac{H8}{s7}$	$\frac{H8}{t7}$	$\frac{H8}{u7}$				
				$\frac{H8}{d8}$	$\frac{H8}{e8}$	$\frac{H8}{f8}$		$\frac{H8}{h8}$													
H9				$\frac{H9}{c9}$	$\frac{H9}{d9}$	$\frac{H9}{e9}$	$\frac{H9}{f9}$	$\frac{H9}{h9}$													
H10				$\frac{H10}{c10}$	$\frac{H10}{d10}$			$\frac{H10}{h10}$													
H11	$\frac{H11}{a11}$	$\frac{H11}{b11}$	$\frac{H11}{c11}$	$\frac{H11}{d11}$				$\frac{H11}{h11}$													
H12		$\frac{H12}{b12}$						$\frac{H12}{h12}$													

注: 1. H6/n5、H7/p6 在公称尺寸小于或等于 3mm 和 H8/r7 在小于或等于 100mm 时, 为过渡配合。
   2. 带底纹的配合为优先配合。

表 2-31 基轴制优先、常用配合

基准轴	孔																			
	A	B	C	D	E	F	G	H	JS	K	M	N	P	R	S	T	U	V	X	Y	Z
	间隙配合								过渡配合				过盈配合							
h5						$\frac{F6}{h5}$	$\frac{G6}{h5}$	$\frac{H6}{h5}$	$\frac{JS6}{h5}$	$\frac{K6}{h5}$	$\frac{M6}{h5}$	$\frac{N6}{h5}$	$\frac{P6}{h5}$	$\frac{R6}{h5}$	$\frac{S6}{h5}$	$\frac{T6}{h5}$					
h6						$\frac{F7}{h6}$	$\frac{G7}{h6}$	$\frac{H7}{h6}$	$\frac{JS7}{h6}$	$\frac{K7}{h6}$	$\frac{M7}{h6}$	$\frac{N7}{h6}$	$\frac{P7}{h6}$	$\frac{R7}{h6}$	$\frac{S7}{h6}$	$\frac{T7}{h6}$	$\frac{U7}{h6}$				
h7					$\frac{E8}{h7}$	$\frac{F8}{h7}$		$\frac{H8}{h7}$	$\frac{JS8}{h7}$	$\frac{K8}{h7}$	$\frac{M8}{h7}$	$\frac{N8}{h7}$									
h8				$\frac{D8}{h8}$	$\frac{E8}{h8}$	$\frac{F8}{h8}$		$\frac{H8}{h8}$													
h9				$\frac{D9}{h9}$	$\frac{E9}{h9}$	$\frac{F9}{h9}$		$\frac{H9}{h9}$													
h10				$\frac{D10}{h10}$				$\frac{H10}{h10}$													
h11	$\frac{A11}{h11}$	$\frac{B11}{h11}$	$\frac{C11}{h11}$	$\frac{D11}{h11}$				$\frac{H11}{h11}$													
h12		$\frac{B12}{h12}$						$\frac{H12}{h12}$													

注: 带底纹的配合为优先配合。

表 2-32 优先、常用配合的特征及应用

基本偏差		配合	配合特征	应用	基准孔或基准轴优先、常用配合
轴或孔	a A	间隙配合	可得到特别大的间隙,用于高温工作。很少用	液体摩擦情况较差,有湍流。间隙非常大,用于高温工作和很松的转动配合,要求大公差、大间隙的外露组件、要求装配很松的配合	
	b B		可得到特大的间隙,用于高温工作。一般少用		
	c C		可得到很大的间隙,高温工作		$\dfrac{H11}{c11}$ $\dfrac{C11}{h11}$
	d D		具有显著的间隙,适用于松动的配合	液体摩擦情况尚好、用于精度非主要要求,有大的温度变动,高转速或大的轴颈压力时的自由转动配合	$\dfrac{H9}{d9}$ $\dfrac{D9}{h9}$
	e E		有相当的间隙,适用于高速运动、大跨距、多支承的配合		
	f F		配合间隙适中,用于一般转速的间隙配合	带层流、流体摩擦情况良好,配合间隙适中,能保证轴与孔相对旋转时最好的润滑条件	$\dfrac{H8}{f7}$ $\dfrac{F8}{h7}$
	g G		配合间隙很小,用于不回转的精密滑动配合		$\dfrac{H7}{g6}$ $\dfrac{G7}{h6}$
	h H	过渡配合	装配后多少有点间隙,但在最大实体状态下间隙为零,一般用于间隙定位配合	有较好的孔、轴同轴度。但无法容纳足够的润滑油,不适于自由转动的配合	$\dfrac{H7}{h6}$ $\dfrac{H8}{h7}$ $\dfrac{H9}{h9}$ $\dfrac{H11}{h11}$
	js JS		为完全对称偏差、平均起来稍有间隙的过渡配合(约有 2% 的过盈)	用手或木槌装配,是略有过盈的定位配合	
	k K		平均起来没有间隙的过渡配合(约有 30% 的过盈)	用木槌装配,是稍有过盈的定位配合,消除振动时用	$\dfrac{H7}{k6}$ $\dfrac{K7}{h6}$
	m M		平均起来具有不大过盈的过渡配合(有 40%~60% 的过盈)	用铜锤装配,在最大实体状态时要有相当的压入力	
	n N		平均过盈稍大,很少得到间隙(有 80%~84% 的过盈)	用铜锤或压力机装配,用于紧密的组件配合	$\dfrac{H7}{n6}$ $\dfrac{N7}{h6}$
	p P	过盈配合	与 H6、H7 配合时是真正的盈配合,但与 H8 配合时是过渡配合	有 67%~94% 的过盈,用压力机装配	$\dfrac{H7}{p6}$ $\dfrac{P7}{h6}$
	r R		与 H6、H7 配合是过盈配合,但当公称尺寸至 100mm 时与 H8 配合为过渡配合(约有 80% 的过盈)	属于轻型压入配合,用在传递较小转矩或轴向力时(较中型压入配合小一半左右)若承受冲击载荷,则应加辅助紧固件	
	s S		相对平均过盈为大于 0.0005~0.0018mm	属于中型压入配合,用在传递较小转矩或轴向力时(较重型压入配合小 1/3~1/2)不需加辅助件,当承受变动载荷、振动冲击时需加辅助件	$\dfrac{H7}{s6}$ $\dfrac{S7}{h6}$
	t T		相对平均过盈大于 0.00072~0.0018;相对最小过盈大于 0.00026~0.00105mm		

(续)

基本偏差		配合	配合特征	应用	基准孔或基准轴优先、常用配合
轴或孔	u U	过盈配合	相对平均过盈为大于0.00095~0.0022mm；相对最小过盈大于0.00038~0.00112mm	属于重型压入配合，用压力机或热胀（孔套）或冷缩（轴）的方法装配，能传递大转矩变动载荷，材料许用应力要大	$\dfrac{H7}{u6}$ $\dfrac{U7}{h6}$
	v V		相对平均过盈为大于0.00117~0.00125mm；相对最小过盈大于0.00125~0.00132mm		
	x X		相对平均过盈为大于0.0017~0.0031mm；相对最小过盈大于0.0016~0.0019mm	属于重型压入配合，用热胀（孔套）或冷缩（轴）的方法装配，能传递很大转矩。承受变动载荷、振动和冲击（较重型压力配合大一倍），材料许用应力要相当大	
	y Y		相对平均过盈为大于0.0021~0.0029mm；相对最小过盈为0.002mm左右		
	z Z		相对平均过盈为大于0.0026~0.004mm；相对最小过盈为0.00244~0.0027mm		

举例：正常内圈旋转的配合，轴承内圈选择m6、n6、p6，外圈选择H7、G7、K7；外圈旋转时，轴承内圈选择h6、k6，外圈选择M6、N6。

形状公差一般小于位置公差，要求径向圆跳动的，圆度公差值应小于径向圆跳动的1/3~1/2；平面度一般小于平行度，为垂直度公差的40%~50%。圆度、圆柱度公差在对应公差的50%左右选取。公差特征项目的符号见表2-33，其他附加符号见表2-34。

表2-33 公差特征项目的符号

公差类型	几何特征	符号	有无基准
形状公差	直线度	—	无
	平面度	▱	无
	圆度	○	无
	圆柱度	⌭	无
	线轮廓度	⌒	无
	面轮廓度	⌓	无
方向公差	平行度	∥	有
	垂直度	⊥	有
	倾斜度	∠	有
	线轮廓度	⌒	有
	面轮廓度	⌓	有

(续)

公差类型	几何特征	符号	有无基准
位置公差	位置度	⊕	有或无
	同心度（用于中心点）	◎	有
	同轴度（用于轴线）	◎	有
	对称度	=	有
	线轮廓度	⌒	有
	面轮廓度	⌒	有
跳动公差	圆跳动	↗	有
	全跳动	⌮	有

表 2-34 其他附加符号

说明	符号	说明	符号
被测要素		自由状态条件(非刚性零件)	Ⓕ
		全周(轮廓)	
基准要素		包容要求	Ⓔ
		公共公差带	CZ
基准目标	φ2/A1	小径	LD
		大径	MD
理论正确尺寸	50	中径、节径	PD
延伸公差带	Ⓟ	线素	LE
最大实体要求	Ⓜ	不凸起	NC
最小实体要求	Ⓛ	任意横截面	ACS

按照 GB/T 1804—2000《一般公差 未注公差的线性和角度尺寸的公差》的规定，图样中所有没有标注公差的尺寸，一律按照一般公差进行加工（很多同学认为没有标注公差可以在公称尺寸范围内随意加工，这是误解）。

一般公差指在车间通常加工条件下可保证的公差。采用一般公差的尺寸，在该尺寸后不需注出其极限偏差数值。

一般公差分精密 f、中等 m、粗糙 c、最粗 v 4 个公差等级。按未注公差的线性尺寸和角度尺寸分别给出了各公差等级的极限偏差数值。表 2-35 所列为线性尺寸的极限偏差数值。表 2-36 所列为倒圆半径和倒角高度尺寸的极限偏差数值。

表 2-37 给出了角度尺寸的极限偏差数值，其值按角度短边长度确定，对圆锥角按圆锥素线长度确定。

第2章 课程设计的必备知识

表 2-35 线性尺寸的极限偏差数值　　　　　　　　　　　　　　　（单位：mm）

公差等级	尺寸分段							
	0.5~3	>3~6	>6~30	>30~120	>120~400	>400~1000	>1000~2000	>2000~4000
精密 f	±0.05	±0.05	±0.1	±0.15	±0.2	±0.3	±0.5	—
中等 m	±0.1	±0.1	±0.2	±0.3	±0.5	±0.8	±1.2	±2
粗糙 c	±0.2	±0.3	±0.5	±0.8	±1.2	±2	±3	±4
最粗 v	—	±0.5	±1	±1.5	±2.5	±4	±6	±8

表 2-36 倒圆半径和倒角高度尺寸的极限偏差数值　　　　　　　（单位：mm）

公差等级	尺寸分段			
	0.5~3	>3~6	>6~30	>30
精密 f	±0.2	±0.5	±1	±2
中等 m				
粗糙 c	±0.4	±1	±2	±4
最粗 v				

注：倒圆半径和倒角高度的含义参见 GB/T 6403.4—2008。

表 2-37 角度尺寸的极限偏差数值

公差等级	长度分段/mm				
	~10	>10~50	>50~120	>120~400	>400
精密 f	±1°	±30′	±20′	±10′	±5′
中等 m					
粗糙 c	±1°30′	±1°	±30′	±15′	±10′
最粗 v	±3°	±2°	±1°	±30′	±20′

第3章

课程设计的步骤

3.1 零件的分析与零件图的绘制

接到设计题目之后,应首先对被加工零件进行结构分析和工艺分析。其主要内容有:

1) 了解零件的几何形状、结构特点以及技术要求,如果有装配图,了解零件在所装配产品中的作用及工作条件,明确零件的材质、热处理及零件图上的技术要求。

2) 分析零件结构的工艺性,弄清零件的结构形状,明白哪些表面需要加工,哪些是主要加工表面,分析各加工表面的形状、尺寸、精度、表面粗糙度以及设计基准等。

① 确定加工表面。找出零件的加工表面及其精度、表面粗糙度要求,结合生产类型,可查阅工艺手册中典型表面的典型加工方案和各种加工方法所能达到的经济加工精度,选取该表面对应的加工方法及需要的加工次数。查各种加工方法的余量,确定表面每次加工的余量,并计算得到该表面总加工余量。

② 确定主要表面。按照组成零件各表面所起的作用,确定起主要作用的表面,通常主要表面的精度和表面粗糙度要求都比较严,在设计工艺规程中是应首先保证的。

3) 抄画零件图,绘制被加工零件图的目的是加深对上述问题的理解,并非机械地抄图,绘图过程应是分析认识零件的过程。零件图上若有遗漏、错误、工艺性差或者不符合国家标准的地方,应提出修改意见,在绘图时加以改正。

3.2 毛坯的选择和毛坯图的绘制

1. 毛坯选择的步骤

毛坯选择的步骤为:

1) 根据零件的生产批量的大小,非加工表面的技术要求,对材料及其性能的要求,零件形状的复杂程度、尺寸的大小、技术要求和生产中的可能性来确定毛坯的种类及制造方法。

2) 确定各加工表面的总加工余量(毛坯余量)。

3) 计算毛坯尺寸,确定毛坯尺寸公差和技术要求,对铸件和锻件,必须绘制毛坯图。

(1) 选择毛坯制造方法 毛坯种类的选择,不仅影响毛坯的制造技术及费用,而且也与零件的机械加工技术和加工质量密切相关。为此需要毛坯制造和机械加工两方面的技术人员密切配合,合理地确定毛坯的种类、结构形状,并绘出毛坯图。

毛坯常见的种类有:铸件、锻件、型材、焊接件及冲压件。

确定毛坯种类和制造方法时,在考虑零件的结构形状、性能、材料的同时,应考虑与规定的生产类型(批量)相适应。对应锻件,应合理确定其分型面的位置,对应铸件应合理确定其分型面及浇冒口的位置,以便在粗基准选择及确定定位和夹紧点时有所依据。

(2) 确定毛坯余量 查毛坯余量表,确定各加工表面的总余量、毛坯的尺寸及公差。

将查得的毛坯总余量与零件分析中得到的加工总余量(包括经验值)对比,若毛坯总余量比加工总余量小,则需调整毛坯余量,以保证有足够的加工余量;若毛坯总余量比加工总余量大,则考虑增加进给次数,或是减小毛坯总余量。

(3) 绘制毛坯图 绘制毛坯图即毛坯简图,其作用是简要地表明零件与毛坯在形状和尺寸上的区别,清楚地表示出要进行机械加工的重要表面及其余量大小。型材可不用绘制毛坯图,只要标出规格、尺寸即可,如圆钢 $\phi 20 \times 100$。

绘制毛坯图的步骤:

1) 用双点画线画出经简化了次要细节的零件图的主要视图,将已确定的加工余量加在各相应的被加工表面上,即得到毛坯轮廓。**毛坯轮廓用粗实线绘制,零件实体用双点画线绘制**,比例尽量取 1∶1。

2) 在图上标出毛坯主要尺寸及公差,标出加工余量的名义尺寸。

3) 标明毛坯的材料及技术要求,如毛坯精度、热处理及硬度、圆角尺寸、分型面、起模斜度、表面质量要求等。

2. 绘制铸件毛坯图

(1) 毛坯图包括的内容

1) 毛坯的形状、尺寸公差、加工余量、工艺余量、起模斜度、铸造圆角、分型面、浇冒口、残根位置、工艺基准、合金牌号、铸件重量、零件标识、铸造方法及其他有关技术要求。

2) 在毛坯图上一般只标注特殊要求的公差,起模斜度、铸造圆角一般不标注在图上而写在技术条件中。

3) 毛坯图的技术要求,包括合金牌号、铸造方法、铸造精度、公差等级、未注明起模斜度、圆角半径,铸件综合技术条件及检验规则的文件号,铸件的交货状态。其他要求:

① 浇冒口残根的大小。精铸件及压铸件残根一般为 0.3~0.5mm,砂型铸件及硬模铸件一般 0.5~2mm。

② 铸件的表面状态(抛丸、涂漆、防锈等)。

③ 铸件是否要进行气压或液压试验,压力要求。

④ 铸件热处理方法,硬度要求。

(2) 铸件的尺寸公差与机械加工余量 铸件尺寸公差的代号为 CT,公差等级分为 16 级,常用的为 CT4~CT13。

机械加工余量(RMA):共分 A、B、C、D、E、F、G、H、J、K 十级,其中常用的为 C~K。壁厚尺寸公差可以比一般尺寸的公差降一级,例如,图样上规定一般的尺寸公差为 CT10,则壁厚尺寸公差为 CT11。公差带应对称于铸件公称尺寸设置,有特殊要求时,也可采用非对称设置,但应在图样上注明。铸件公称尺寸是铸件图样上给定的尺寸,包括机械加工余量。表 3-1 和表 3-2 列出了各种铸造方法通常能达到的公差等级。

表 3-1 大批量生产的毛坯铸件的公差等级

方法		公差等级 CT								
		铸件材料								
		钢	灰铸铁	球墨铸铁	可锻铸铁	铜合金	锌合金	轻金属合金	镍基合金	钴基合金
砂型铸造手工造型		11~13	11~13	11~13	11~13	10~13	10~13	9~12	11~14	11~14
砂型铸造机器造型和壳型		8~12	8~12	8~12	8~12	8~10	8~10	7~9	8~12	8~12
金属型铸造(重力铸造或低压铸造)		—	8~10	8~10	8~10	8~10	7~9	7~9	—	—
压力铸造		—	—	—	—	6~8	4~6	4~7	—	—
熔模铸造	水玻璃	7~9	7~9	7~9	—	5~8	—	5~8	7~9	7~9
	硅溶胶	4~6	4~6	4~6	—	4~6	—	4~6	4~6	4~6

表 3-2 小批量生产或单件生产的毛坯铸件的公差等级

方法	造型材料	公差等级 CT								
		铸件材料								
		钢	灰铸铁	球墨铸铁	可锻铸铁	铜合金	轻金属合金	镍基合金	钴基合金	
砂型铸造手工造型	黏土砂	13~15	13~15	13~15	13~15	13~15	11~13	13~15	13~15	
	化学黏结剂砂	12~14	11~13	11~13	11~13	10~12	10~12	12~14	12~14	

注:小于 25mm 的铸件公称尺寸,采用下述较精的公差等级:铸件公称尺寸小于等于 10mm 时,其公差等级提高 3级;铸件公称尺寸大于 10mm 小于等于 16mm 时,其公差等级提高 2 级;铸件的公称尺寸大于 16mm 小于等于 25mm 时,其公差等级提高 1 级。

推荐用于各种铸造合金及铸造方法的机械加工余量等级见表 3-3。铸件机械加工余量见表 3-4。

表 3-3 毛坯铸件机械加工余量等级选择(摘自 GB/T 6414—2017)

方法	要求的机械加工余量等级								
	铸件材料								
	钢	灰铸铁	球墨铸铁	可锻铸铁	铜合金	锌合金	轻金属合金	镍基合金	钴基合金
砂型铸造手工铸造	G~J	F~H	F~H	F~H	F~H	F~H	F~H	G~K	G~K
砂型铸造机器造型和壳型	F~H	E~G	E~G	E~G	E~G	E~G	E~G	F~H	F~H
金属型(重力铸造和低压铸造)	—	D~F	D~F	D~F	D~F	D~F	D~F	—	—
压力铸造	—	—	—	—	B~D	B~D	B~D	—	—
熔模铸造	E	E	E	—	E	—	E	E	E

表 3-4　铸件机械加工余量（摘自 GB/T 6414—2017）　　　　　　（单位：mm）

最大尺寸		要求的机械加工余量等级									
大于	至	A	B	C	D	E	F	G	H	J	K
—	40	0.1	0.1	0.2	0.3	0.4	0.5	0.5	0.7	1	1.4
40	63	0.1	0.2	0.3	0.3	0.4	0.5	0.7	1	1.4	2
63	100	0.2	0.3	0.4	0.5	0.7	1	1.4	2	2.8	4
100	160	0.3	0.4	0.5	0.8	1.1	1.5	2.2	3	4	6
160	250	0.3	0.5	0.7	1	1.4	2	2.8	4	5.5	8
250	400	0.4	0.7	0.9	1.3	1.4	2.5	3.5	5	7	10
400	630	0.5	0.8	1.1	1.5	2.2	3	4	6	9	12
630	1000	0.6	0.9	1.2	1.8	2.5	3.5	5	7	10	14
1000	1600	0.7	1	1.4	2	2.8	4	5.5	8	11	16
1600	2500	0.8	1.1	1.6	2.2	3.2	4.5	6	9	13	18
2500	4000	0.9	1.3	1.8	2.5	3.5	5	7	10	14	20
4000	6300	1	1.4	2	2.8	4	5.5	8	11	16	22
6300	10000	1.1	1.5	2.2	3	4.5	6	9	12	17	24

铸件上较小的孔不铸出，留待机械加工。一般铸铁件上孔径小于 30mm（单件小批）、15mm（成批）和铸钢件上孔径小于 50mm（单件小批）、小于 30mm（成批）的孔不铸。各种铸造方法的最小孔径尺寸见表 3-5。

表 3-5　最小孔径尺寸　　　　　　　　　　　　　　　　　（单位：mm）

铸造方法	成批生产	单件生产
砂型铸造	30	50
金属型铸造	10~20	—
压力铸造及熔模铸造	5~10	—

铸件的壁过薄，会影响流动性，引起浇不足、冷隔等缺陷。因此每种铸造合金在一定的铸造条件下规定有最小壁厚。壁厚不均匀还容易产生热应力，造成变形或开裂，故铸件设计时，应尽量使壁厚均匀一致或接近。各种铸造方法的铸件最小壁厚见表 3-6。

表 3-6　各种铸造方法的铸件最小壁厚

铸件的表面积/cm²	铸件最小壁厚/mm													
	砂型铸造			金属型铸造			壳型铸造			压力铸造				熔模铸造
	硅铝合金	ZM5 ZL201 ZL301	铸铁	硅铝合金	ZM5 ZL201 ZL301	铸铁	铝镁合金	铜合金	铸铁	钢	铝锡合金	锌合金	镁合金	铝合金	铜合金	钢
~25	2	2	2	2	3	2.5	2	2	2	2	0.6	0.8	1.3	1	1.5	1.2
25~100	2.5	3.5	2.5	2.5	3	3	2	2	2	2	0.7	1	1.8	1.5	2	1.6
100~225	3	4	3	3	4	3.5	2	2	2	4	1.1	1.5	2.5	2	3	2.2
225~400	3.5	4.5	4	4	5	4	5	3.5	3	4	1.5	2	2.5	3.5	3	
400~1000	4	5	5	4	6	4.5	3	4	4	5	—	—	4	4	—	—
1000~1600	5	6	6	—	—	—	4	4	4	6	—	—	—	—	—	—
1600 以上	6	7	7	—	—	—	—	4	—	7	—	—	—	—	—	—

起模斜度是指为使铸模容易从铸型中取出而沿起模方向设计的斜度，其大小与壁的高度、造型方法及材料有关，一般为15′～3°。为防止缺陷和方便造型，铸件的相交壁都有过渡圆角。各种铸造方法的最小铸造斜度见表3-7。图3-1所示为铸件毛坯图。

表3-7 各种铸造方法的最小铸造斜度

斜度位置	铸造方法			
	砂型铸造	金属型铸造	壳型铸造	压铸铸造
外表面	0°30′	0°30′	0°20′	0°15′
内表面	1°	1°	0°20′	0°30′

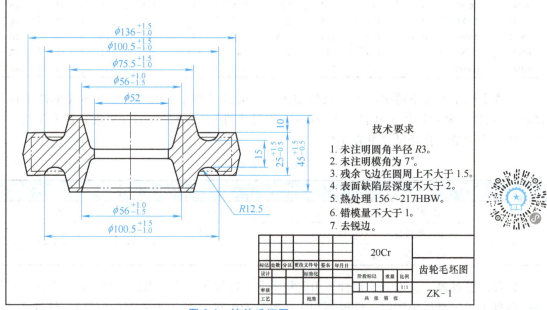

图3-1 铸件毛坯图

3. 绘制锻件毛坯图

压力加工包括锻造、冲压、轧制、拉拔、挤压等。其中锻造和冲压统称为锻压，主要用于生产毛坯或零件，轧制、拉拔和挤压等主要用于生产型材、板材和线材等。

锻件图是锻造加工的基本依据，它是以零件图为基础并考虑机械加工余量、锻造公差和余块等绘制而成的锻件毛坯的余量。模锻件的加工余量一般为1～4mm，公差为±(0.3～3)mm。模锻件均为批量生产，应尽量减少或不加余块，以节约金属。

钢质模锻件的尺寸公差及机械加工余量按GB/T 12362—2016确定。要确定毛坯的尺寸公差及机械加工余量，应先确定如下各项因素：公差等级、估算锻件质量、计算锻件形状复杂系数、材质系数、分模线形状、零件表面粗糙度。

（1）锻件尺寸公差（参考GB/T 12362—2016）

1）范围。适用于质量小于或等于500kg，长度（最大尺寸）小于或等于2500mm的模锻锤、热模锻压力机、螺旋压力机和平锻机上成批生产的钢质（碳素钢及合金钢）热模锻件。

2）尺寸公差。尺寸公差包括普通级和精密级。普通级公差指一般模锻方法能达到的精度公差。平锻件公差只有普通级，精密级公差适用于精密锻件。

第3章 课程设计的步骤

锻件尺寸公差涉及的有关主要因素如下。

① 锻件质量：根据锻件图基本尺寸进行计算。

② 锻件形状复杂系数 S：为锻件重量 m_f 与相应的锻件外廓包容体重量 m_N 之比，即 $S = m_f/m_N$。S 分为4级：S_1 级简单（$0.63 < S \leq 1$）；S_2 级一般（$0.32 < S \leq 0.63$）；S_3 级较复杂（$0.16 < S \leq 0.32$）；S_4 级复杂（$0 < S \leq 0.16$）。对薄形圆盘或法兰件，当盘厚与直径之比小于等于0.2时，直接定位复杂级。

③ 锻件材质系数：M_1 级，最高含碳量小于0.65%的碳素钢或合金元素总含量小于3.0%的合金钢。M_2 级，最高含碳量大于等于0.65%的钢素碳或合金元素总含量大于等于3.0%的合金钢。

④ 零件加工面表面粗糙度：适用于零件上表面粗糙度大于等于 $Ra1.6\mu m$ 的机加工表面。查余量表时，若加工面表面粗糙度小于等于 $Ra1.6\mu m$，其余量要适当加大。

⑤ 长度、宽度和高度尺寸公差：指在分模线一侧同一块模具上沿长度、宽度和高度方向上的尺寸公差。l 为长度方向尺寸；b 为宽度方向尺寸；c 为高度方向尺寸，t 为跨越分模线厚度尺寸。当复杂系数为 S_1、S_2 级，且长度比小于3.5时，可按最大外形尺寸查表3-8确定为同一公差值。

表3-8 锻件长度、宽度、高度尺寸公差 （单位：mm）

锻件质量/kg		材质系数		形状复杂系数				锻件公称尺寸				
								大于 0	30	80	120	180
								至 30	80	120	180	315
大于	至	M_1	M_2	S_1	S_2	S_3	S_4	极限偏差				
0	0.4							$1.1^{+0.8}_{-0.3}$	$1.2^{+0.8}_{-0.4}$	$1.4^{+0.9}_{-0.5}$	$1.6^{+1.1}_{-0.5}$	$1.8^{+1.2}_{-0.6}$
0.4	1.0							$1.2^{+0.8}_{-0.4}$	$1.4^{+0.9}_{-0.5}$	$1.6^{+1.1}_{-0.5}$	$1.8^{+1.2}_{-0.6}$	$2.0^{+1.3}_{-0.7}$
1.0	1.8							$1.4^{+0.9}_{-0.5}$	$1.6^{+1.1}_{-0.5}$	$1.8^{+1.2}_{-0.6}$	$2.0^{+1.3}_{-0.7}$	$2.2^{+1.5}_{-0.7}$
1.8	3.2							$1.6^{+1.1}_{-0.5}$	$1.8^{+1.2}_{-0.6}$	$2.0^{+1.3}_{-0.7}$	$2.2^{+1.5}_{-0.7}$	$2.5^{+1.7}_{-0.8}$
3.2	5.6							$1.8^{+1.2}_{-0.6}$	$2.0^{+1.3}_{-0.7}$	$2.2^{+1.5}_{-0.7}$	$2.5^{+1.7}_{-0.8}$	$2.8^{+1.9}_{-0.9}$
5.6	10							$2.0^{+1.3}_{-0.7}$	$2.2^{+1.5}_{-0.7}$	$2.5^{+1.7}_{-0.8}$	$2.8^{+1.9}_{-0.9}$	$3.2^{+2.1}_{-1.1}$
10	20							$2.2^{+1.5}_{-0.7}$	$2.5^{+1.7}_{-0.8}$	$2.8^{+1.9}_{-0.9}$	$3.2^{+2.1}_{-1.1}$	$3.6^{+2.4}_{-1.2}$
20	50							$2.5^{+1.7}_{-0.8}$	$2.8^{+1.9}_{-0.9}$	$3.2^{+2.1}_{-1.1}$	$3.6^{+2.4}_{-1.2}$	$4.0^{+2.7}_{-1.3}$
50	120							$2.8^{+1.9}_{-0.9}$	$3.2^{+2.1}_{-1.1}$	$3.6^{+2.4}_{-1.2}$	$4.0^{+2.7}_{-1.3}$	$4.5^{+3.0}_{-1.5}$
120	250							$3.2^{+2.1}_{-1.1}$	$3.6^{+2.4}_{-1.2}$	$4.0^{+2.7}_{-1.3}$	$4.5^{+3.0}_{-1.5}$	$5.0^{+3.3}_{-1.7}$
								$3.6^{+2.4}_{-1.2}$	$4.0^{+2.7}_{-1.3}$	$4.5^{+3.0}_{-1.5}$	$5.0^{+3.3}_{-1.7}$	$5.6^{+3.7}_{-1.9}$
								$4.0^{+2.7}_{-1.3}$	$4.5^{+3.0}_{-1.5}$	$5.0^{+3.3}_{-1.7}$	$5.6^{+3.7}_{-1.9}$	$6.3^{+4.2}_{-2.1}$
									$5.0^{+3.3}_{-1.7}$	$5.6^{+3.7}_{-1.9}$	$6.3^{+4.2}_{-2.1}$	$7.0^{+4.7}_{-2.3}$
										$6.3^{+4.2}_{-2.1}$	$7.0^{+4.7}_{-2.3}$	$8.0^{+5.3}_{-2.7}$
										$7.0^{+4.7}_{-2.3}$	$8.0^{+3.2}_{-2.7}$	$9.0^{+6.0}_{-3.0}$

注：锻件的高度或台阶尺寸及中心到边缘尺寸公差，按±1/2的比例分配。内表面尺寸允许偏差，正负符号与表中相反。长度、宽度尺寸的上下偏差，按±2/3、±1/3的比例分配。

⑥ 孔径尺寸公差：按孔径尺寸查表得偏差，算出总公差，上、下极限偏差按+1/4 和 -3/4 比例分配。

⑦ 厚度尺寸公差：锻件所有厚度公差应一致。其极限偏差可按锻件最大厚度尺寸在表 3-9 查得。

⑧ 中心距尺寸偏差：表 3-10 仅适用于平面直线分模，且在同一块模具内的距离尺寸。下列情况不适用：直线分模，但在投影面上具有弯曲轴线；有落差的曲线分模，曲面连接的平面间凸部的中心距。

表 3-9 模锻件的厚度及允许偏差　　　　　　　　　　　　　　（单位：mm）

锻件质量/kg		材质系数	形状复杂系数	锻件公称尺寸					
				大于	0	18	30	50	80
大于	至	$M_1\ M_2$	$S_1\ S_2\ S_3\ S_4$	至	18	30	50	80	120
					公差值及极限偏差				
0	0.4				$1.0^{+0.8}_{-0.2}$	$1.1^{+0.8}_{-0.3}$	$1.2^{+0.9}_{-0.3}$	$1.4^{+1.0}_{-0.4}$	$1.6^{+1.2}_{-0.4}$
0.4	1.0				$1.1^{+0.8}_{-0.3}$	$1.2^{+0.9}_{-0.3}$	$1.4^{+1.0}_{-0.4}$	$1.6^{+1.2}_{-0.4}$	$1.8^{+1.4}_{-0.4}$
1.0	1.8				$1.2^{+0.9}_{-0.3}$	$1.4^{+1.0}_{-0.4}$	$1.6^{+1.2}_{-0.4}$	$1.8^{+1.4}_{-0.4}$	$2.0^{+1.5}_{-0.5}$
1.8	3.2				$1.4^{+1.0}_{-0.4}$	$1.6^{+1.2}_{-0.4}$	$1.8^{+1.4}_{-0.4}$	$2.0^{+1.5}_{-0.5}$	$2.2^{+1.7}_{-0.5}$
3.2	5.6				$1.6^{+1.2}_{-0.4}$	$1.8^{+1.4}_{-0.4}$	$2.0^{+1.5}_{-0.5}$	$2.2^{+1.7}_{-0.5}$	$2.5^{+1.9}_{-0.6}$
5.6	10.0				$1.8^{+1.4}_{-0.4}$	$2.0^{+1.5}_{-0.5}$	$2.2^{+1.7}_{-0.5}$	$2.5^{+1.9}_{-0.6}$	$2.8^{+2.1}_{-0.7}$
10.0	20.0				$2.0^{+1.5}_{-0.5}$	$2.2^{+1.7}_{-0.5}$	$2.5^{+1.9}_{-0.6}$	$2.8^{+2.1}_{-0.7}$	$3.2^{+2.4}_{-0.8}$
					$2.2^{+1.7}_{-0.5}$	$2.5^{+1.9}_{-0.6}$	$2.8^{+2.1}_{-0.7}$	$3.2^{+2.4}_{-0.8}$	$3.6^{+2.7}_{-0.9}$
					$2.5^{+1.9}_{-0.6}$	$2.8^{+2.1}_{-0.7}$	$3.2^{+2.4}_{-0.8}$	$3.6^{+2.7}_{-0.9}$	$4.0^{+3.0}_{-1.0}$
					$2.8^{+2.1}_{-0.7}$	$3.2^{+2.4}_{-0.8}$	$3.6^{+2.7}_{-0.9}$	$4.0^{+3.0}_{-1.0}$	$4.5^{+3.4}_{-1.1}$
					$3.2^{+2.4}_{-0.8}$	$3.6^{+2.7}_{-0.9}$	$4.0^{+3.0}_{-1.0}$	$4.5^{+3.4}_{-1.1}$	$5.0^{+3.8}_{-1.2}$
					$3.6^{+2.7}_{-0.9}$	$4.0^{+3.0}_{-1.0}$	$4.5^{+3.4}_{-1.1}$	$5.0^{+3.8}_{-1.2}$	$5.6^{+4.2}_{-1.4}$

注：上、下极限偏差也可按+3/4、-1/4 的比例分配。若需要，也可按+2/3、-1/3 的比例分配。

表 3-10 模锻件中心距尺寸偏差　　　　　　　　　　　　　　（单位：mm）

中心距		大于	0	30	80	120	180	250
		至	30	80	120	180	250	315
一般锻件 有一道校正或精压工序 同时校正及精压工序								
极限偏差	普通级		±0.3	±0.3	±0.4	±0.5	±0.6	±0.8	±1.0
	精密级		±0.25	±0.25	±0.3	±0.4	±0.5	±0.6	±0.8

注：本表适用于在热模锻压力机、模锻锤、平锻机及螺旋压力机上生产的模锻件，但精密级不适用于平锻。例：当锻件长度尺寸为 300mm，只有一道校正精压工序，其中心距尺寸的普通级公差为±1.0mm，精密级公差为±0.8mm。

（2）锻件机械加工余量　锻件机械加工余量根据估算锻件质量、零件表面粗糙度及形状复杂系数由表3-11、表3-12确定。对于扁薄截面或锻件相邻部位截面变化较大的部分应适当增大局部余量。

表3-11　锻件内、外表面机械加工余量

锻件质量/kg		零件表面粗糙度Ra/μm		形状复杂系数S_1、S_2、S_3、S_4	单边余量/mm				
					厚度方向	水平方向			
大于	至	≥1.6	<1.6			大于 至	0 315	315 400	400 630	630 800
0	0.4				1.0~1.5	1.0~1.5	1.5~2.0	2.0~2.5	—
0.4	1.0				1.5~2.0	1.5~2.0	1.5~2.0	2.0~2.5	2.0~3.0
1.0	1.8				1.5~2.0	1.5~2.0	1.5~2.0	2.0~2.7	2.0~3.0
1.8	3.2				1.7~2.2	1.7~2.2	2.0~2.5	2.0~2.7	2.0~3.0
3.2	5.6				1.7~2.2	1.7~2.2	2.0~2.5	2.0~2.7	2.5~3.5
5.6	10				2.0~2.5	2.0~2.5	2.0~2.5	2.3~3.0	2.5~3.5
10	20				2.0~2.5	2.0~2.5	2.0~2.7	2.3~3.0	2.5~3.5
20	50				2.3~3.0	2.3~3.0	2.5~3.5	2.5~3.5	2.7~4.0
50	120				2.5~3.2	2.5~3.2	2.5~3.5	2.7~3.5	2.7~4.0
120	250				3.0~4.0	2.5~3.5	2.5~3.5	2.7~4.0	3.0~4.5
250	500				3.5~4.5	2.7~3.5	2.7~3.5	3.0~4.5	3.0~4.5
					4.0~5.5	2.7~4.0	3.0~4.0	3.0~4.5	3.0~4.5
					4.5~6.5	3.0~4.0	3.0~4.5	3.5~4.5	3.5~5.0

注：当锻件质量为3kg，零件表面粗糙度Ra=3.2μm，形状复杂系数为S_3，长度为480mm时，查出该锻件机械加工余量为厚度方向1.7~2.2mm，水平方向2.0~2.7mm。

表3-12　锻件内孔直径的单面机械加工余量　　　　　　　　　　　　　　（单位：mm）

孔　径		孔　深				
大于	至	大于 至	0 63	63 100	100 140	140 200	200 280
—	25		2.0	—	—	—	—
25	40		2.0	2.6	—	—	—
40	63		2.0	2.6	3.0	—	—
63	100		2.5	3.0	3.0	4.0	—
100	160		2.6	3.0	3.4	4.0	4.6
160	250		3.0	3.0	3.4	4.0	4.6
250	—		3.4	3.4	4.0	4.6	5.2

（3）轧制件　热轧圆钢直径和方钢边长尺寸及允许偏差见表3-13、表3-14。

表3-13　热轧圆钢直径和方钢边长尺寸系列（摘自GB/T 702—2017）（单位：mm）

5.5	6	6.5	7	8	9	10	11	12	13	14	15
16	17	18	19	20	21	22	23	24	25	26	27
28	29	30	31	32	33	34	35	36	38	40	42
45	48	50	53	55	56	58	60	63	65	68	70
75	80	85	90	95	100	105	110	115	120	125	130
135	140	145	150	155	160	165	170	180	190	200	210
220	230	240	250	260	270	280	290	300	310	320	330
340	350	360	370	380							

表 3-14 热轧圆钢和方钢的尺寸允许偏差（摘自 GB/T 702—2017）（单位：mm）

截面公称尺寸 （圆钢直径或方钢边长）	尺寸允许偏差		
	精度组别 1	精度组别 2	精度组别 3
>5.5~20	±0.25	±0.35	±0.40
>20~30	±0.30	±0.40	±0.50
>30~50	±0.40	±0.50	±0.60
>50~80	±0.60	±0.70	±0.80
>80~110	±0.90	±1.0	±1.10
>110~150	±1.20	±1.30	±1.40
>150~200	±1.60	±1.80	±2.00
>200~280	±2.00	±2.50	±3.00
>280~310	±2.50	±3.00	±4.00
>310~380	±3.00	±4.00	±5.00

3.3 工艺路线的拟订

工艺路线与零件的加工质量、生产率和经济性有着密切的关系，即生产中要求"优质、高产、低耗"，设计时应同时考虑几个方案，经过分析比较，选择出比较合理的方案。

1. 选择定位基准

根据零件结构特点、技术要求及毛坯的具体情况，按照基准选择原则，合理选择各工序的定位基准。定位基准的选择对保证加工精度、确定加工顺序及工序数量的多少、夹具结构都有重要影响。零件上的定位基准、加工表面和夹紧部位三者要互相协调、全面考虑。

定位基准分为精基准、粗基准及辅助基准。通常在制订工艺规程时，总是先考虑选择怎样的精基准以保证达到精度要求并把各个表面加工出来，即先选择零件表面最终加工所用精基准和中间工序所用的精基准，然后再考虑选择合适的最初工序的粗基准把精基准面加工出来。为了使工件便于装夹和易于获得所需加工精度，可在工件上某部位做一辅助基准，用以定位。

当某工序的定位基准与设计基准不重合时，需对它的工序尺寸进行换算。在最初加工工序中，只能用毛坯上未经加工的表面作为定位基准（粗基准）。在后续工序中，则使用已加工表面作为定位基准（精基准）。

定位基准应按以下原则来选择：
1) 尽可能使定位基准与设计基准重合。
2) 尽可能使各加工面采用同一定位基准。
3) 粗加工定位基准应尽量选择不加工或加工余量比较小的平整表面，而且只能使用一次。
4) 精加工工序定位基准应是已加工表面。
5) 选择的定位基准必须使工件定位夹紧方便，加工时稳定可靠。

2. 选择各表面的加工方法和加工方案

切削加工方法有车削（图 3-2）、钻削（图 3-3）、镗削、铣削（图 3-4、图 3-5）、刨削

(图3-6)、磨削（图3-7)、拉削等多种，根据各表面的加工要求，先选定最终的加工方法，再由此向前确定各前续工序的加工方法。决定表面加工方法时还应考虑每种加工方法所能达到的经济加工精度和表面粗糙度值。一般集中精力先考虑主要表面、主要技术要求及关键技术问题的加工。

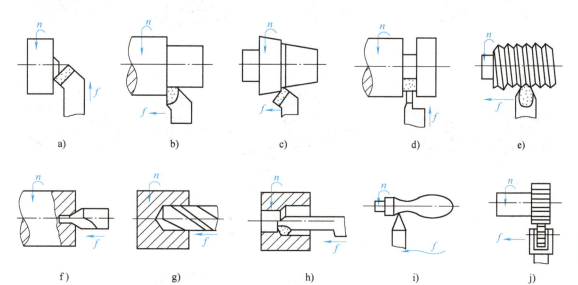

图3-2 车削加工

a）车端面 b）车外圆 c）车圆锥 d）切槽或切断 e）车螺纹 f）钻中心孔 g）钻孔
h）车孔 i）车成形面 j）滚花

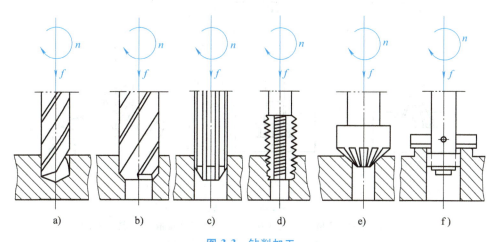

图3-3 钻削加工

a）钻孔 b）扩孔 c）铰孔 d）攻螺纹 e）锪沉头孔 f）锪平面

3. 安排加工顺序，划分加工阶段，制订工艺路线

确定各表面的加工顺序，包括切削加工顺序、热处理工序和辅助工序。机械加工顺序的安排一般应按<u>先粗后精</u>、<u>先面后孔</u>、<u>先主后次</u>、<u>基面优先</u>原则，热处理按段穿插，检验按需安排。

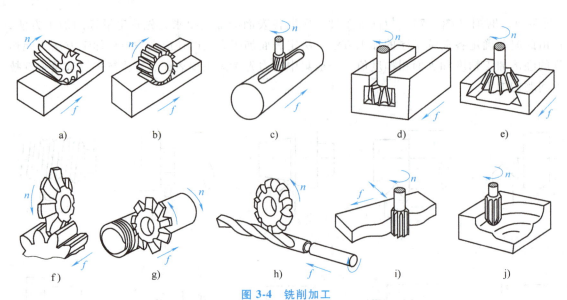

图 3-4 铣削加工

a) 铣平面 b) 铣台阶 c) 铣键槽 d) 铣T形槽 e) 铣燕尾槽 f) 铣齿 g) 铣螺纹
h) 铣螺旋槽 i) 铣外曲面 j) 铣内曲面

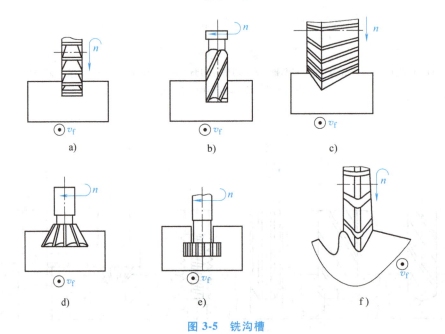

图 3-5 铣沟槽

a) 三面刃铣刀铣直槽 b) 立铣刀铣直槽 c) 铣角度槽 d) 铣燕尾槽
e) 铣T形槽 f) 盘状铣刀铣成形面

按照上述原则安排加工顺序时可以考虑先主后次,将零件主要表面的加工次序作为工艺路线的主干进行排序,即零件的主要表面先粗加工,再半精加工,最后是精加工,如果还要光整加工,可以放在工艺路线的末尾,次要表面穿插在主要表面加工顺序之间;多个次要表面排序时,按照主要表面位置关系确定先后;平面加工安排在孔加工前;最前面的工序是粗基准面的加工,最后面的工序可安排清洗、去飞边及最终检验。

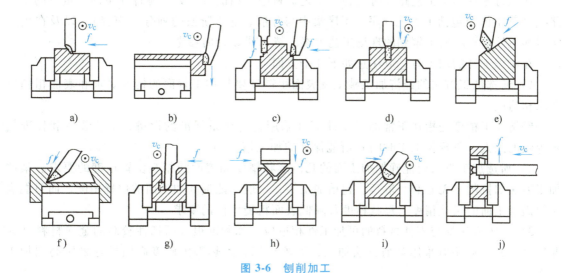

图 3-6 刨削加工

a) 刨平面　b) 刨垂直面　c) 刨台阶　d) 刨垂直沟槽　e) 刨斜面
f) 刨燕尾槽　g) 刨T形槽　h) 刨V形槽　i) 刨曲面　j) 孔内刨削

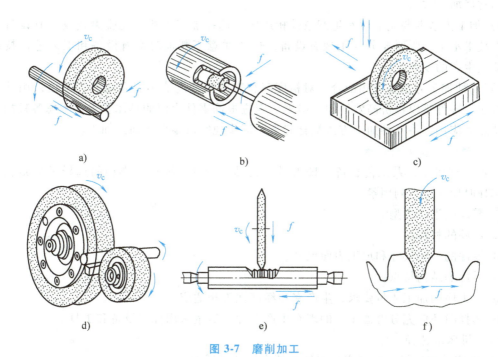

图 3-7 磨削加工

a) 磨外圆　b) 磨内孔　c) 磨平面　d) 无心磨外圆　e) 磨螺纹　f) 磨齿轮

对热处理工序、中间检验等辅助工序，以及一些次要工序等，在工艺方案中安排适当的位置，防止遗漏。还应考虑工序的集中与分散等问题。在对零件进行以上分析的基础上，制订工艺路线。对于比较复杂的零件，可以先考虑几个方案，经分析比较后，再从中选择比较合理的加工方案。

在拟订零件加工工艺路线时，各种工艺资料中介绍的各种典型零件在不同产量下的工艺路线（其中已经包括了工艺顺序、工序集中与分散、加工阶段的划分等内容），以及在生产实习和工厂参观时所了解到的现场工艺方案，皆可供设计时参考。

在考虑工件的加工时，应注意如下几个方面：

1) 所选加工方法的经济加工精度及表面粗糙度要与加工表面的精度要求和表面粗糙度要求相适应。

经济加工精度是指在正常加工条件下（采用符合质量标准的设备、工艺装备和标准技术等级的工人、不延长加工时间）所能保证的加工精度。

2) 所选加工方法要能确保加工面的几何形状精度和表面间相互位置精度的要求。某些加工方法如拉削、无心磨、珩磨、超精加工等，一般不能提高加工面的位置精度，而只能满足提高加工面的尺寸精度、形状精度及降低表面粗糙度值的要求。

3) 加工方法要与零件材料的可加工性相适应。如硬度很低而韧性较高的金属材料（如非铁金属）一般不宜采用磨削方法加工，而淬火钢、耐热钢因硬度高则最好采用磨削加工方法。

4) 加工方法要与生产类型相适应。大批量生产时，应采用高效率的机床设备和先进的加工方法。如加工内孔和平面时，可采用拉床和拉刀；轴类零件加工可采用半自动液压仿形车床和常规加工方法。

5) 加工方法要与企业现有生产条件相适应。选择加工方法不能脱离企业现有设备状况和工人技术水平。既要充分利用现有设备，也要注意不断地对原有设备和工艺进行技术改造，适应生产的发展。

6) 几种加工方法要互相配合。对精度高和表面粗糙度值小的表面，若单独采用某一种加工方法，零件难以经济高效地加工出来。则应根据零件表面的具体要求，考虑各种加工方法的特点和应用，将几种加工方法配合起来，逐步地完成零件表面的加工。

4. 选择设备及工艺装备

设备（即机床）及工艺装备（即刀具、夹具、量具、辅具）类型的选择可参阅有关手册，选择时应考虑下列因素：

① 零件的生产类型。
② 零件的材料。
③ 零件的外形尺寸和加工表面尺寸。
④ 零件的结构特点。
⑤ 该工序的加工质量要求，生产率和经济性等相适应。
⑥ 选择时还应充分考虑工厂的现有生产条件，尽量采用标准设备和工具。

（1）机床的选择

1) 机床的加工尺寸范围应与工件的外廓尺寸相适应。
2) 机床的工作精度应与工序要求的精度相适应。
3) 机床的生产率应与工件的生产类型相适应。
4) 机床的选择应考虑工厂的现有设备条件。如果工件尺寸太大，精度要求过高，没有相应设备可供选择时，就需改装设备或设计专用机床。

（2）工艺装备的选择

1）夹具的选择。在单件小批生产中，应尽量选用通用夹具或组合夹具；在大批大量生产中，应根据工序要求设计专用高效夹具。

2）刀具的选择。刀具的选择主要取决于工序所采用的加工方法、加工表面的尺寸、工件材料、所要求的加工精度和表面粗糙度、生产率及经济性等，一般应尽量选用标准刀具。

3）量具的选择。量具的选择主要根据生产类型和要求检验的精度。在单件小批生产中，应尽量采用通用量具量仪；在大批大量生产中，应采用各种极限量规或高生产率的检查量仪。

5. 工艺方案和内容的论证

根据设计零件的不同特点，可有选择地进行以下几方面的工艺论证：

1）对比较复杂的零件，可考虑两个甚至更多的工艺方案进行分析比较，择优而定，并在说明书中论证其合理性。

2）当零件的主要技术要求是通过两个甚至更多个工序综合加以保证时，应对有关工序进行分析，并用工艺尺寸链方法加以计算，从而有根据地确定该主要技术要求能得以保证。

3）对于影响零件主要技术要求且误差因素较复杂的重要工序，需要分析论证如何保证该工序的技术要求，从而明确提出对定位精度、夹具设计精度、工艺调整精度、机床和加工方法精度甚至刀具精度（若有影响）等方面的要求。

4）其他在设计中需要加以论证分析的内容。

3.4 工序设计

1. 划分工步

根据工序内容及加工顺序安排的一般原则，合理划分工步。

2. 确定加工余量及工序尺寸与公差

确定加工余量。用查表法或按加工经验确定各主要加工面的工序（工步）余量。因毛坯总余量已由毛坯（图）在设计阶段定出，故粗加工工序（工步）余量应由总余量减去精加工、半精加工余量之和而得出。若某一表面仅需一次粗加工即完成，则该表面的粗加工余量就等于已确定出的毛坯总余量。一个表面的总加工余量为该表面各工序间加工余量之和。

对简单加工的情况，工序尺寸可由后续加工的工序尺寸加上名义工序余量简单求得，工序公差可用查表法按经济加工精度确定。对加工时有基准转换的较复杂的情况，需用工艺尺寸链来求算工序尺寸及公差。

3. 确定各工序切削用量

在单件小批生产中，通常不具体规定切削用量，而是由操作工人根据具体情况自己确定，以简化工艺文件。在成批大量生产中，则应科学地、严格地选择切削用量，以充分发挥高效率设备的潜力和作用。各工序的切削用量可由《切削用量手册》或其他相关资料中查得。

4. 确定各工序所用的机床、夹具、刀具、量具和辅助工具

选择的机床、夹具、刀具和量具的类型、规格、精度，应与被加工零件的尺寸大小、精度高低、生产类型和工厂的具体条件相适应。机床设备的选用应当既要保证加工质量又要经济合理。在成批生产条件下，一般应采用通用机床和专用工、夹具。

这时应认真查阅有关手册或实地调查，应将选定的机床或工装的有关参数记录下来，如机床型号、规格、工作台宽、T形槽尺寸，刀具的种类、规格以及与机床的连接，夹具设计要求、与机床连接等。为后面填写工艺卡片和夹具设计做好必要准备，免得届时重复查阅。

5. 计算时间定额

对加工工序进行时间定额的计算，主要是确定工序的机加工时间。对于辅助时间、服务时间、自然需要时间及每批零件的准备终结时间等，可按照有关资料提供的比例系数估算。

时间定额及缩减单件时间的措施：

（1）时间定额及其组成 时间定额是在一定的生产条件下，规定生产一件产品或完成一道工序所消耗的时间，用 t_d 表示。根据时间定额可以安排作业计划，进行成本核算，确定设备数量和人员编制，规划生产面积。因此，时间定额是工艺规程中的重要组成部分。时间定额主要利用经过实践而积累的统计资料及进行部分计算来确定。时间定额由以下部分组成：

成批生产时的时间定额，即

$$t_d = t_j + t_f + t_b + t_x + t_z/N \tag{3-1}$$

大量生产时的时间定额：

$$t_d = t_j + t_f + t_b + t_x \tag{3-2}$$

1) 基本时间定额 t_j。直接改变生产对象的形状、尺寸、相对位置、表面状态或材料性能等工艺过程所消耗的时间。基本时间定额通常可用计算的方法求出。

2) 辅助时间定额 t_f。为实现工艺过程所必须进行的各种辅助动作所消耗的时间。辅助时间定额可根据统计资料来确定，也可以按基本时间的百分比来估算。

基本时间定额与辅助时间定额的总和称为操作时间定额。

3) 布置工作地时间定额 t_b。为使加工正常进行，工人照管工作地（如更换刀具、润滑机床、清理切屑、收拾工具等）所消耗的时间。布置工作地时间定额一般按操作时间的百分比计算。

4) 休息与生理需要时间定额 t_x。工人在工作班内为恢复体力和满足生理上的需要所消耗的时间。休息与生理需要时间一般也按操作时间的百分比估算。

5) 准备与终结时间定额 t_z。工人为生产一批数量为 N 的产品或零部件进行准备和结束工作所消耗的时间。

（2）缩减单件时间的措施

1) 缩减基本时间定额 t_j 的措施。提高切削用量，减少加工余量，缩短刀具的工作行程，采用多刀多刃和多轴机床加工，或采用其他新工艺、新技术。

2) 缩减辅助时间定额 t_f 的措施。尽量使辅助动作实现机械化或自动化，如采用先进夹具，提高机床的自动化程度；使辅助时间与基本时间部分或全部重叠起来，如采用多位夹具或多位工作台，则采用主动测量或数字显示自动测量装置等。

3) 缩减布置工作地时间定额 t_b 的措施。采用寿命较高的刀具或砂轮，采用各种快换刀夹、刀具微调装置，专用对刀样板和样件以及自动换刀装置。

4) 缩减准备与终结时间定额 t_z 的措施。采用成组工艺生产组织形式，使夹具和刀具的调整通用化，采用准备与终结时间较短的先进设备及工艺装备。

3.5 工艺文件的填写

1. 设计机械加工工艺过程卡片、机械加工工序卡

零件工艺规程设计的结果应以图表、卡片和文字材料表达出来,以便贯彻执行,这些图表、卡片和文字材料统称为工艺文件。在生产中使用的工艺文件很多,常用的有机械加工工艺过程卡片、机械加工工序卡片等,将前述各项内容以及各工序加工简图填入机械加工工艺过程卡片、机械加工工序卡片。

参照生产现场和参考有关资料的工艺文件格式设计工艺卡片格式,对课程设计而言,主要是机械加工工艺过程卡片和机械加工工序卡片,设计时要注意工艺卡片是以页计算的,每页必须包括表头和表底(签字栏)。

表头常包括的项目:产品名称、产品型号、零件名称、零件代号、材料牌号、毛坯种类、毛坯外形尺寸、每毛坯可制件数、每台件数、备注。

如果是工艺过程卡片,一般正文内容是工序号、工序名称、工序内容、车间、工段、设备、工艺装备、工时(单件、准终——准备与终结时间)。

表底常包括的项目:标记、处数、更改文件号、签字、日期以及设计(日期)、审核(日期)、标准化(日期)、会签(日期)。

2. 填写工艺文件

(1) 填写机械加工工艺过程卡片 工艺过程卡片包含上面内容所述的有关选择、确定及计算的结果。机械加工以前的工序如铸造、人工时效等在工艺过程卡片中可以有所记载,但不编工序号。

(2) 填写机械加工工序卡片 工序卡除包含上面内容所述的有关选择、确定及计算的结果之外,在工序卡上要求绘制出工序简图,它是设计夹具的主要依据,可以指导工人进行加工。

(3) 工序简图 工序简图(工艺附图)绘制方法:

1) 工序简图按大概的比例缩小(或放大),应保证图形在图框内,且各视图应采用相同的比例。尽可能用较少的视图绘出,视图中与本工序无关的次要结构和线条可略去不画,除加工面、定位面、夹紧面、主要轮廓面外,其余线条均可省略,以必需、明了为度。如零件复杂不能在工序卡片中表示时,可用另页单独绘出。

2) 工序简图尽量选用一个直观视图,如图 3-8 所示,视图方向尽量与工件在机床上的装夹方向一致(如卧式车床加工时加工面轴线水平,且加工面在右方;在立钻或摇臂钻上加工时孔轴线应垂直放置),即工人站在工作台前平视方向为主视图方向。

3) 工序简图应该是工件在本工序完成之后所具有的形状和尺寸,本工序加工表面用粗实线表示,工件的主要特征轮廓(如工件轮廓及特征表面)用细实线表示,不要将后面工序中才能形成的结构形状在本工序的工序简图中反映出来。

4) 图中应标注本工序加工后应达到的尺寸(即工序尺寸)及其上下极限偏差、装夹定位相关尺寸、工序基准、加工表面粗糙度、几何公差等,必要时可用括号注出工件外形尺寸作为参考。其他工序不标表面粗糙度值。

5) 工序简图中应用符号表示出工件的定位及夹紧情况。包括定位符号及定位点数、夹紧符号及指向的夹紧面。其中定位符号附近用阿拉伯数字表示出该处表面定位所能限制的自由度数。

3. 工艺卡片填写细则

（1）工艺卡片填写规范

1）"部门"栏。分厂（车间）填写分厂（车间）名称，企业部门填写技术部门名称。

2）"产品型号"及"零部件代号"。优先填写产品代号（零件号），无则填型号，也可两者都填，若是标准件则写 GB、JB、QB 等。

3）"产品名称"。按产品图样或产品明细栏填写。

4）"材料规格"栏。

铸件、锻件、焊接件、组装件：不填；

锯料件：填圆钢直径（公称尺寸）；

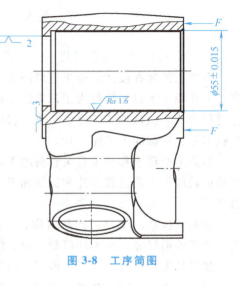

图 3-8　工序简图

扁钢：厚度×宽度（公称尺寸）；

方钢：边长×边长（公称尺寸）；

六角钢：内切圆直径（公称尺寸）；

角钢：角钢号数，边长/边厚；

槽钢：高度×腿宽×腰厚；

槽帮钢：某号槽帮钢高度×上宽/下宽×厚度。

板材：定尺寸的厚×宽×长（公称尺寸）；不定尺寸的，板材厚度（公称尺寸）。

管材：无缝热轧冷拔，外径×壁厚；无缝冷拔，在公称尺寸后加（　）表示。

线材：如弹簧钢丝、钢丝（公称直径）。

5）"毛坯外形尺寸"。

锻（铸）件：按毛坯图或工序衔接单；

焊接件、组装件：最大外径×长度，或长×宽×高（公称尺寸）；

型材、管材、板材、锯料件、槽钢：一般不填。

6）"设备"。优先填写设备型号，允许既填写设备型号，又填写设备名称，不允许填写"人工""钳桌""平台""锤子"等。

（2）工艺编制术语应用规则

1）编号约定：

- Ⅰ，Ⅱ，Ⅲ…　机械加工前的毛坯制造工序，如铸、锻；
- A，B，C…　工序工步中的安装代号；
- 1，2，3…　工序号；
- （1），（2），（3）…　工步号；
- a，b，c…　每次修改使用标记；
- ①，②，③…　每次修改处数。

2) 凡是要求加工到图样规定尺寸的工序或工步，则在工艺术语后加注"×成"字。

例如：孔 ϕ100mm 加工到图样规定尺寸，标注为"车孔 ϕ100mm 成"。

3) 在一个工序或工步中，有的加工到图样规定尺寸，有的粗加工留有余量，若前者情况较多，则在"加工成"前加注"其余"两字。

例如："粗车外圆 ϕ100mm 留余量 0.5~0.6mm，其余车成"。

4) 凡是不加工到图样规定尺寸，又须规定工序间尺寸时，标注"至"字。

例如："钻孔 ϕ30H7 至 ϕ29.5mm"。

5) 凡是工件粗加工给精加工规定留余量的工序或工步，注明加工余量。

例如："粗车外圆 100h6，（直径）余量 2~3mm"；"粗刨平面 12.5mm，每面余量 2~4mm"。

6) 如欲表达下一步工序或工步、相关工序或工步时，则在工艺术语前冠以"×前"字样。

例如："铰前钻孔"。

7) 当加工个数相同的表面时，在工艺术语后写上被加工表面的数目。

例如："钻孔 8×ϕ10mm"。

8) 当数个表面同时加工时，则在工艺术语前加上"同时"两字。

例如："同时钻 8×ϕ10mm"。

9) 为减少工艺文件篇幅，在切削刀具不改变的情况下，工艺术语可采用综合性叙述。

例如："车端面、车外圆、倒角"。

刀具改变而被加工表面不变情况下也可照此叙述。

例如："钻、扩、铰孔"。

10) 工艺术语中，除螺纹底孔术语可断开使用外，其他工艺术语不得断开使用。

例如："钻 M12 底孔至 ϕ10.2mm"；"车外圆 ϕ100mm 成"。

11) 工艺术语中有括号术语的，可根据情况选其一。

例如："车（镗）孔"，用车削方法加工时选"车孔"，镗削方法加工时选"镗孔"；"（粗）（精）铰孔"，可以粗铰孔，精铰孔，一次铰成。

12) 对某些工件的加工部位名称，在工艺术语中用"空刀"还是"槽"视情况而定，凡是为了施工方便的称"空刀"，设计上有一定用途的称"槽"。

13) 表示相连尺寸时用"×"，不相连尺寸则用"及"。

例如："铣长孔 $B×L$ 及 R""铣方孔 $B×L$""铣键槽 $B×H×L$""铣台阶平面 A 及 B"。

14) 在工序图中已注明定位夹紧符号或工序名称已说明加工方向及位置的，可直接填写"装夹"。

① 位置不明时填写"装夹左面"或"三爪顶尖装夹""压板装夹""三爪中心架装夹""两端顶尖装夹""三爪外圆装夹""夹具装夹"。

② 需调头安装时填"调头"。

③ 装夹位置的约定——以图样中的主视图为准，按"人左为左，人右为右，近人为前，远人为后，人上为上，人下为下"的原则。

15) 对必须遵守的指标，用"必须""保证""不得""立即"字样；对特殊情况但应遵守的情况，填"应""不应"字样；对硬性规定有困难的情况，用"一般""允许"（指有一定选择性）字样。

16）作业内容涉及外单位工序的，用"详见××工艺"。

17）辅助工序即"检验、倒角、去毛刺、清洗"等，可安排在工序之间或加工终了进行；在本工序后无去毛刺工序时，本工序加工产生的毛刺应在本工序去除。在磁力夹紧的工序之后，要安排去磁工序。零件表面的强化工序，如滚压、喷丸等安排在精加工之后进行。零件进入装配前，一般应安排清洗工序。

辅助工步："装夹、找正、擦洗、去毛刺、倒角"等，必须合理安排。

18）本规则约定：直径用"D/d"，半径用"R"，螺纹用"M"，长度用"L"，宽度用"B"，高度或深度用"H"，齿数用"z"，模数用"m"，齿距、间距、节距用"t"，角度用"°"，未注长度单位均为"mm"（毫米）。

3.6 夹具设计

夹具设计一般在零件的机械加工工艺制订之后按照某道工序的具体要求进行，显然该零件的生产纲领、零件图和工序图是夹具设计的依据。生产纲领决定了夹具的复杂程度和自动化程度；零件图给出了工件的尺寸、形状和位置精度、表面粗糙度等具体要求；工序图则给出了夹具所在工序的零件的工序基准、工序尺寸、已加工表面、待加工表面，以及本工序的定位、夹紧原理方案，这是夹具设计的直接依据。

制订工艺过程应充分考虑夹具实现的可能性。而设计夹具时，如确有必要也可以对工艺过程提出修改意见。夹具设计质量的高低，应以能否稳定地保证工件的加工质量、生产效率高、成本低、排屑方便、操作安全、省力、制造和维护容易等为其衡量指标。

1. 夹具设计任务书

工艺人员在编制零件的机械加工工艺过程中，应提出相应的夹具设计任务书，对其中的定位基准、夹紧方案及有关要求做出说明。夹具设计人员，则应根据夹具设计任务书（任务书中没有工序图的要借阅相关工序机械加工工序卡）进行夹具的结构设计，收集典型夹具结构图册和有关夹具零部件标准等资料。了解企业制造、使用夹具情况以及国内外同类型夹具的资料，以便使所设计的夹具能够适合企业实际，吸取先进经验，考虑制造业高端化、智能化和绿色化发展趋势，并尽量采用国家标准。

夹具设计任务书示例如图3-9所示，表头中工序号和工装名称等内容与工艺卡或工序卡一致，任务书附图要标注定位等工序要求，以及要加工的表面的质量及公差要求。

2. 确定夹具的结构方案

在广泛收集和研究有关资料的基础上，着手拟订夹具的结构方案，内容主要包括：

1）根据工件的定位原理，确定工件的定位方式，选择定位元件，这是一个将工序简图上的定位方法具体实现的过程。

2）确定工件的夹紧方式、夹紧力的方向和作用点的位置，选择合适的夹紧机构。

3）确定刀具的对准及导向方式，选取刀具的对刀及导向元件。

4）确定其他元件或装置的结构形式，如定位键、分度装置、预定位装置及吊装元件等。

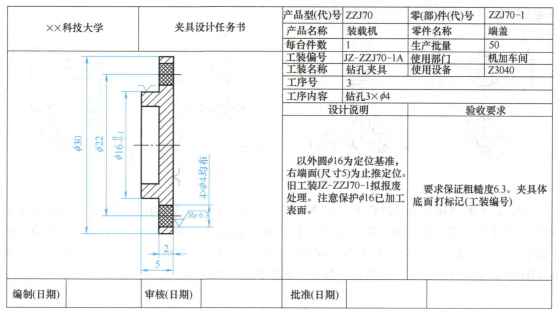

图 3-9 夹具设计任务书示例

5) 协调各元件、装置的布局,确定夹具的总体结构和尺寸,确定夹具在机床上的安装方式,绘制草图。

6) 设计夹具体（图 3-10）。通过夹具体将定位元件、对刀元件、夹紧元件、其他元件等所有装置连接成一个整体。图 3-11 所示为几种对刀块。夹具体还用于保证夹具相对于机床的正确位置,铣夹具要有定位键,钻夹具注意钻模板的结构设计,车夹具注意与主轴连接的结构设计等。

7) 进行必要的分析计算。例如,工件加工精度较高时应进行定位误差、加工精度校核分析。

8) 夹具结构工艺性审核,包括夹具制造、检验、装配、调试、维修的方便性,工件的测量,夹具体排屑性能等。

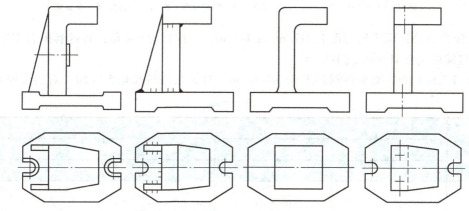

图 3-10 几种夹具体结构

夹具体的设计要求：强度和刚度满足要求；壁厚均匀,变形小；结构工艺性好,便于加工；夹具体有精确的定位基准,面积足够大；便于夹紧；刀具运动手柄有足够的空间；便于切除切屑；设计要考虑便于安装搬迁的结构。

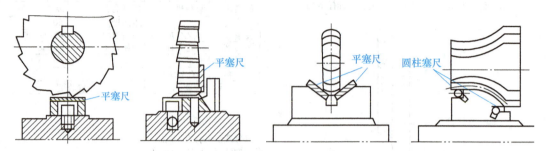

图 3-11 几种对刀块

在确定夹具结构方案的过程中，工件定位、夹紧、对刀和夹具在机床定位等各部分的结构以及总体布局都会有几种不同的方案可供选择，因而都应画出草图，并通过必要的计算（如定位误差及夹紧力计算等）和分析比较，从中选取较为合理的方案。图 3-12 所示为夹具结构图例。定位支承符号、辅助支承符号、夹紧符号见表 3-15～表 3-17。

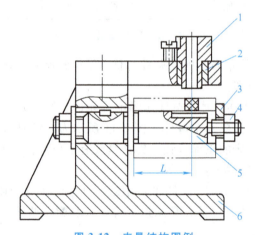

图 3-12 夹具结构图例

1—对刀或引导元件 2—衬套 3—垫圈 4—夹紧装置 5—定位元件 6—夹具体

钻套配合选择：固定钻套配合 H7/n6 或 H7/r6；可换钻套+衬套：与衬套配合 F7/m6 或 F7/k6，与模板配合 H7/n6 或 H7/r6。

钻套与工件间距：对脆性材料取 $0.3d \sim 0.6d$，对韧性材料取 $0.5d \sim 1d$，对斜孔取 $0.3d$。

表 3-15 定位支承符号

定位支承类型	符号			
	独立定位		联合定位	
	标注在视图轮廓线上	标注在视图正面	标注在视图轮廓线上	标注在视图正面
固定式	∧	⊙	∧∧	⊙—⊙
活动式	∧	⊙	∧∧	⊙—⊙

注：视图正面是指观察者面对的投影面。

表 3-16　辅助支承符号

独立支承		联合支承	
标注在视图轮廓线上	标注在视图正面	标注在视图轮廓线上	标注在视图正面

表 3-17　夹紧符号

夹紧动力源类型	符　号			
	独立夹紧		联合夹紧	
	标注在视图轮廓线上	标注在视图正面	标注在视图轮廓线上	标注在视图正面
手动夹紧				
液压夹紧	Y	Y	Y	Y
气动夹紧	Q	Q	Q	Q
电磁夹紧	D	D	D	D

注：表中的字母代号为大写汉语拼音字母。

3. 夹紧机构设计

大批大量生产多采用气动、液动或其他机动夹具，其自动化程度高，同时夹紧的工件数量多，结构也比较复杂。中小批生产，易采用结构简单、成本低廉的手动夹具，以及万能通用夹具或组合夹具。常用夹紧方式有螺旋夹紧、偏心压板夹紧，斜楔压板夹紧，翻转压板与楔夹紧等。

采用机动夹紧时还应计算夹紧力。夹紧力作用点及方向的确定原则如下：

1）夹紧力的作用点和方向应有利于工件的定位。

2）夹紧力产生的变形要小。

3）作用点和方向应有利于减少所需夹紧力。

4）夹紧力作用点应尽量靠近加工表面，以防止或减少振动。

夹紧工件时，夹紧力的作用点应通过支承点或支承面。对刚性较差的（或加工时有悬空部分的）工件，应在适当的位置增加辅助支承，以增强其刚性。夹持精加工面和软材质工件时，应垫软垫，如纯铜皮等。用压板压紧工件时，压板支承点应略高于被压工件表面，并且压紧螺栓应尽量靠近工件，以保证压紧力。

4. 自动化夹具

自动化夹具是加工时能够快速紧固工件，使机床、刀具、工件保持正确相对位置的工艺装置，如图 3-13 所示。它常与自动化生产线搭配，实现工件的自动化加工。自动化夹具通常由夹具底座、夹具臂、夹持装置、控制系统等部分组成。

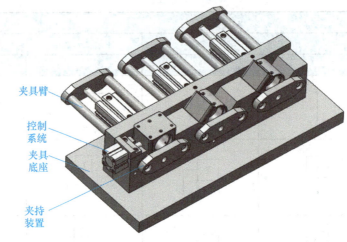

图 3-13 自动化夹具

夹紧装置分为气动夹紧装置与液压夹紧装置两种。

① 气动夹紧装置的工作特点：刚度小、成本低、污染少、体积较大。气动夹紧装置的原理图如图 3-14 所示。

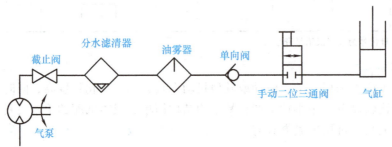

图 3-14 气动夹紧装置的原理图

② 液压夹紧装置的工作特点：刚度大、成本高、污染大、体积较小。液压夹紧装置的原理图如图 3-15 所示。

（1）自动化夹具设计的要点

1）夹具的结构设计。设计时应考虑到夹具的使用环境、夹持工件的形状、重量、精度等因素。合理的夹具结构可以更好地适应不同形状和大小的工件。

2）夹持装置的设计。夹持装置是自动化夹具的核心部分，它直接影响着夹具的夹持效果。因此，在夹持装置的设计过程中，需要考虑到夹持力大小、夹持面积、夹持方式等因素，以确保夹具能够在不同的工件上实现高效夹持。

3）控制系统的设计。控制系统通过控制夹具的动作来实现夹取、放置和定位等功能。控制系统必须稳定可靠，同时提供足够的灵活性以适应不同的自动化生产线需求。

4）智能化设计。随着人工智能技术的不断进步，越来越多的自动化夹具开始采用智能化设计。智能化设计可以实现自动化夹具的自适应性，使之能够在不同的生产环境下智能化地操作流程、防误操作等，大大提高生产效率。

(2) 自动化夹具设计的思路

1）根据工件属性进行夹具设计。夹具的形状、夹持力、夹持方式等因素取决于夹具所夹持的工件的属性，因此，在设计自动化夹具时，需要了解所夹持工件的属性，并根据这些属性进行夹具的设计，如钻、扩、铰工序的复合。

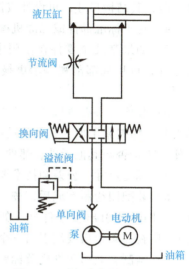

图 3-15 液压夹紧装置的原理图

2）借鉴其他自动化生产线的设计。设计自动化夹具时，要了解其他自动化生产线中采用的夹具设计，并从其中选择借鉴适用于自己的构造或元素。

3）采用智能化设计。智能化设计可以使自动化夹具更加灵活，能够实现自适应操作等功能。

(3) 自动化夹具与其他设备的协同　自动化夹具往往是自动化生产线中的一个组成部分，因此，在设计自动化夹具时，应该考虑怎样使其更好地与其他设备协同，避免因配合不良而导致生产过程中的停顿等损失。

5. 绘制夹具装配图

绘制夹具装配图应遵循国家制图标准，合理选择绘图比例。夹具装配图中视图的布置也应符合国家制图标准，在能清楚表达夹具内部结构以及各元件内部结构以及各元件、装置位置关系的情况下，视图的数目应尽量少。装配图的主视图应取操作者实际工作时的位置，以便于夹具装配及使用时参考，一般情况下，最好画出三视图，必要时可画出局部视图或剖视图。

1）用双点画线将工件的外形轮廓（到本工序为止）、定位基面、夹紧表面及加工表面画在各视图相应位置上，待加工表面的加工余量可用网纹线或粗实线表示。在总图中工件可看作透明体，不遮挡后面的线条，所画的工件轮廓线与夹具上的任何线彼此独立，不相干涉。

2）依次画出定位、夹紧、对刀、导向元件或装置的具体结构，再画出夹具体，将各元件或装置连成一个整体。夹具体上各元件应与夹具体可靠连接。为保证工人操作安全，一般采用内六角圆柱头螺钉（GB/T 70.1—2008）沉头连接坚固，若相对位置精度要求较高，还需用两个圆柱销（GB/T 119.1—2000）定位。

3）为减少加工表面面积和加工行程次数，夹具体上与其他夹具元件相接触的结合面一般应设计成等高的凸台，凸台高度一般高出非加工铸造表面 3~5mm。若结合面用其他方法加工时，其结构尺寸也可设计成沉孔或凹槽。

4) 对于标准部件或标准机构，如标准液压油缸、气缸等，可不必将结构剖示出来。

5) 如果某几个零件在使用中需要更换，在视图中是以某个零件画出的，为表达更换的零件，可用局部剖视表示更换零件的装配关系，并在技术要求或局部剖视图下面加以说明。

6) 装配图按夹紧机构应处于夹紧状态绘制。对某些在使用中位置可能变化且范围较大的夹具，如夹紧手柄、其他移动或转动元件，必要时以双点画线局部地表示出其极限位置，以便检查是否与其他元件、部件、机床或刀具相干涉。

7) 标注尺寸、公差和技术要求。

8) 装配图绘制完成后，按一定顺序引出各元件和零件的件号。一般从夹具体为件号1开始，顺时针引出各个件号。如果夹具元件在工作中需要更换（如钻、扩、铰的快换钻套），应在一条引出线端引出三个件号。

9) 编制夹具的明细栏及标题栏，写明夹具名称及零件明细栏上所规定的内容。

6. 确定并标注有关尺寸及技术条件

(1) 应标注的尺寸及公差 在夹具总图上应标注的尺寸、公差有下列五类：

1) 夹具外形的最大轮廓尺寸。一般是指夹具最大外形轮廓尺寸。若夹具上有可动部分，应包括可动部分处于极限位置所占的尺寸空间。

2) 影响定位精度的尺寸及公差。常指工件以孔在心轴或定位销上（或工件以外圆在内孔中）定位时，工件定位表面与夹具上定位元件间的配合尺寸。

3) 影响对刀精度的尺寸及公差。用来确定夹具上对刀、导引元件位置的尺寸。对于铣、刨床夹具，是指对刀元件与定位元件的位置尺寸；对于钻、镗床夹具，则是指钻（镗）套与定位元件间位置尺寸，钻（镗）套之间的位置尺寸，以及钻（镗）套与刀具导向部分的配合尺寸等。

4) 影响夹具在机床上安装精度的尺寸及公差。用于确定夹具在机床上正确位置的尺寸。对于车、磨床夹具，主要是指夹具与主轴端的配合尺寸；对于铣、刨床夹具，则是指夹具上的定位键与机床工作台上的T形槽的配合尺寸。

5) 夹具内部的配合尺寸。它们与工件、机床、刀具无关，主要是为了保证夹具装配后能满足规定的使用要求。

上述诸尺寸公差的确定可分为两种情况处理：一是夹具上定位元件之间，对刀、导引元件之间的尺寸公差，直接对工件上相应的加工尺寸发生影响，因此可根据工件的加工尺寸公差确定，一般可取工件加工尺寸公差的1/5~1/3。二是定位元件与夹具体的配合尺寸，夹紧装置各组成零件间的配合尺寸公差等，则应根据其功用和装配要求，按一般公差与配合原则决定。

(2) 应标注的技术条件 在夹具装配图上应标注的技术条件（位置精度要求）有如下几个方面：

1) 定位元件之间或定位元件与夹具体底面间的位置要求，其作用是保证工件加工面与工件定位基准面间的位置精度。

2) 定位元件与连接元件（或找正基面）间的位置要求。

3) 对刀元件与连接元件（或找正基面）间的位置要求。如对刀块的侧对刀面对于两定向键侧面的平行度要求，是为了保证所铣键槽与工件轴线的平行度。

4）定位元件与导引元件的位置要求。若要求所钻孔的轴线与定位基准面垂直，必须以夹具上钻套轴线与定位元件工作表面垂直及定位元件工作表面与夹具体底面平行为前提。

上述技术条件是保证工件相应的加工要求所必需的，其数值应取工件相应技术要求所定的数值的 1/5~1/3。

（3）技术要求　装配图中的技术要求主要为说明夹具在装配、检验、使用时应达到的技术性能及质量要求等，主要从以下几方面考虑：

1）装配要求。装配时要注意的事项及装配后应达到的指标等。例如，装配间隙、配制要求等。

2）检验要求。装配后对夹具进行验收时所要求的检验方法和条件，如打压试验。

3）安装完后的处理。如涂漆（涂什么颜色的漆）、标记（编号、生产日期）等。

4）使用要求。对夹具在使用、保养、维修时提出的要求。

7. 绘制夹具零件图

根据已绘制的装配图绘制专用零件图，具体要求如下：

1）零件图的投影应尽量与总图上的投影位置相符合，便于读图和核对。

2）尺寸标注应完整、清楚，避免漏注，既便于读图，又便于加工。

3）应将该零件的形状、尺寸、相互位置精度、表面粗糙度、材料、热处理及表面处理要求等完整地表示出来。

4）同一特征加工表面的尺寸应尽量集中标注。

5）对于可在装配后用组合加工来保证的尺寸，应在其尺寸数值后注出"按总图"字样，如钻套之间、定位销之间的尺寸等。

6）要注意选择设计基准和工艺基准。

7）某些要求不高的几何公差由加工方法自行保证，可省略不注。

8）为便于加工，尺寸应尽量按加工顺序标注，以免进行尺寸换算。

9）技术要求主要包括未注明圆角、未注明倒角（锐边倒钝等）、没有标明的表面粗糙度、热处理要求（调质、硬度要求、镀锌、镀铬等）、配制要求（或是配合加工）、钣金件的放样尺寸和放样形式、焊接要求及焊后的处理要求等。表 3-18 所列为与直径 D 相应的倒角 C、倒圆 R 的推荐值。

表 3-18　与直径 D 相应的倒角 C、倒圆 R 的推荐值　　　　（单位：mm）

D	~3	>3~6	>6~10	>10~18	>18~30	>30~50
C 或 R	0.2	0.4	0.6	0.8	1.0	1.6
D	>50~80	>80~120	>120~180	>180~250	>250~320	>320~400
C 或 R	2.0	2.5	3.0	4.0	5.0	6.0
D	>400~500	>500~630	>630~800	>800~1000	>1000~1250	>1250~1600
C 或 R	8.0	10.0	12.0	16.0	20.0	25.0

3.7　编写课程设计说明书

编写课程设计说明书（简称说明书）是整个课程设计的一个重要组成部分。通过编写说明书，进一步培养学生分析、总结和表达的能力，巩固、深化在设计过程中所获得的知识。

说明书是课程设计的总结性文件。在完成课程设计全部工作之后，学生应将全部设计工作依照先后顺序编写成说明书。要求语言简练，文字通顺，图例清晰。说明书应概括地介绍设计全貌。对设计中的各部分内容应做重点说明、分析论证及必要的计算。要求系统性好，条理清楚，图文并茂，充分表达自己的见解，力求避免抄书。文内公式、图表、数据等出处，应以"[ ]"注明参考文献的序号。

学生从设计一开始就应随时逐项记录设计内容、计算结果、分析意见和资料来源，以及教师的合理意见、自己的见解与结论等。每一设计阶段后，随即可整理、编写出有关部分的说明书，待全部设计结束后，只要稍加整理，便可装订成册。

一份完整的说明书一般包括以下一些项目：

1）封面。

2）目录。

3）对零件的工艺分析，包括零件的作用、结构特点、结构工艺性、关键表面的技术要求分析等。

4）毛坯的选择，包括毛坯种类、加工余量及形状与毛坯图说明。

5）工艺方案和内容的论证。工艺路线的确定，包括粗、精基准的选择，各表面加工方法的确定，工序集中与分散的考虑，工序顺序安排的原则，加工设备与工艺装备的选择，不同方案的分析比较等，提出结构工艺性等修改意见，重新出图。

6）工序设计与计算。工序设计包括划分工步、确定加工余量、确定工序尺寸及公差、选择切削用量、确定加工工时。工序计算包括工序尺寸与公差的确定。

7）夹具设计。夹具设计包括将设计思想与不同方案做对比，定位分析与定位误差计算，对刀及导引装置设计，夹紧机构设计与夹紧力计算。

8）设计总结或心得体会。

9）参考文献书目。书目前排列序号，以便于正文引用。

专著是指以单行本或多卷册（在限定的期限内出齐）形式出版的印刷型或非印刷型出版物，包括普通图书、古籍、学位论文、会议文集、汇编、标准、报告、多卷书、丛书等。格式为：

[序号] 主要责任者. 题名：其他题名信息 [文献类型标识]. 其他责任者. 版本项（第 1 版不著录）. 出版地：出版者，出版年：引文页码 [引用日期]. 获取和访问路径.

1）图书。举例：

[1] 万宏强. 机械制造技术基础 [M]. 北京：机械工业出版社，2023.

2）论文集。举例：

[1] 吴瑞明，傅阳. 2019 新时代高校机械教学改革与创新研讨会论文集 [C]. 北京：高等教育出版社，2020.

3）学位论文。举例：

［1］屈家璐．改性聚醚醚酮的力学特性及磨粒加工工艺研究［D］．大连：大连理工大学，2022．

4）期刊。举例：

［1］臧耀辉，李新，李旸，等．偏心模具的加工工艺［J］．机械制造，2023，61（1）：56-58．

5）电子资源。电子文献是指以数字方式将图、文、声、像等信息存储在磁、光、电介质上，通过计算机、网络或相关设备使用的记录有知识内容或艺术内容的文献信息资源，包括电子公告、电子图书、电子期刊、数据库等。举例：

［1］The Hong Kong Polytechnic University. Computer Numerical Control（CNC）［EB/OL］．［2009-12-20］. http：//www2. ic. polyu. edu. hk/student_net/training_materials/IC％20Workshop％20Materials％2009％20-％20Computer％20Numerical％20Control％20（CNC）. pdf.

在完成上述全部工作内容后，按任务书要求先后顺序整理课程设计报告一份，打印装订成册。

3.8　绿色制造和智能制造技术的应用

1. 绿色制造理念

习近平总书记强调，实现碳达峰碳中和，是贯彻新发展理念、构建新发展格局、推动高质量发展的内在要求。作为工业领域实现"双碳"目标的重要抓手，我国绿色制造体系建设不断取得新进展，成为推动经济高质量发展的新动力。中共中央、国务院印发的《质量强国建设纲要》强调，全面推行绿色设计、绿色制造、绿色建造，健全统一的绿色产品标准、认证、标识体系，大力发展绿色供应链。

绿色制造，也称为环境意识制造（Environmentally Conscious Manufacturing）、面向环境的制造（Manufacturing For Environment）等，是一个综合考虑环境影响和资源效益的现代化制造模式。循环利用、变废为宝是推动制造业绿色发展的重要方向。

具体讲，绿色制造技术是指在保证产品的功能、质量、成本的前提下，综合考虑环境影响和资源效率的现代制造模式。其目标是使产品从设计、制造、包装、运输、使用到报废处理的整个产品全寿命周期中，对环境的影响（负作用）最小，资源利用率最高，并使企业经济效益和社会效益协调优化。

（1）绿色设计　要求设计人员必须具有良好的环境意识，既综合考虑了产品的 TQCS（Time，Quality，Cost，Service）属性，还要注重产品的 E（Environment）属性，即产品使用的绿色度。

（2）工艺规划　产品制造过程的工艺方案有差异，物料和能源的消耗也将不同，对环境的影响也会不一样。绿色工艺规划就是要根据制造系统的实际，尽量研究和采用物料和能源消耗少、废弃物少、噪声低、对环境污染小的工艺方案和工艺路线。

（3）材料选择　绿色材料选择技术是一个很复杂的问题。绿色材料尚无明确标准，实际中选用很难处理。在选用材料的时候，不仅要考虑其绿色性，还必须要考虑产品的功能、质量、成本、噪声等多方面的要求。减少不可再生资源和短缺资源的使用量，尽量采用各种替代物质和技术。

（4）产品包装　绿色包装技术就是从环境保护的角度，优化产品包装方案，使得资源消耗和废弃物产生最少。

（5）回收处理　产品生命周期终结后，若不回收处理，将造成资源浪费并导致环境污染，从产品设计开始就要充分考虑回收处理，如再使用、再利用、废弃等，以最少的成本代价，获得最高的回收价值。

（6）绿色管理　尽量采用模块化、标准化的零部件，加强对噪声的动态测试、分析和控制。

机械制造工艺学课程设计中绿色制造的着眼点示例见表 3-19。

表 3-19　机械制造工艺学课程设计中绿色制造的着眼点示例

课程设计环节	绿色制造的着眼点示例
课程设计零件图	结构工艺性、绿色材料
零件毛坯图	毛坯成本、经济性、加工余量
机械加工工艺过程卡	工艺先进性、工序集中与分散、经济加工精度、节能环保
机械加工工序卡	工序控制点设置、废品率、6σ 控制
夹具设计任务书	多件加工、自动化水平、夹具回收和利用、T 型槽和长槽固定设置
夹具装配图	通用件（标准件）选用（绿色再制造）、定位精度、三维验证
夹具零件图	图纸幅面、公差、粗糙度选用原则：尺寸公差>位置公差>形状公差>表面粗糙度高度参数。在一般精度时，表面粗糙度占形状公差的 1/5～1/4。尺寸公差是粗糙度的 3～4 倍。一般给了位置公差，就不再标注形状公差。形状公差值应小于所标注的位置公差值
课程设计说明书	工时定额、竞品分析
打印	行距、双面打印、CAD 截图黑底白字改为白底黑字、图纸能用 A4 就不用 A3、节墨模式

2. 智能制造技术

智能制造是人工智能在生产过程中的发展和实现。它使用先进的技术，能够自动适应不断变化的环境和不断变化的生产工艺要求，能够规划运行生产线和装配线，基本不需要另外的监控和人工干预，如图 3-16 所示。

图 3-16　智能制造

智能制造的关键技术可用图 3-17 表示。

图 3-17　智能制造的关键技术

参考工业 4.0 的发展，智能制造的研究领域主要有以下几种：

(1) 机器视觉　包括三维/二维缺陷检测、三维视觉与识别、智能制造增强现实的显示、智能工业机器人等。

(2) 信息物理融合系统（CPS）　基于模型的系统工程，完成设计、合成和验证，智能工厂的核心任务是驱动信息物理融合系统，如大数据处理。智能制造大数据如图 3-18 所示。

(3) 智能传感技术　如用于制造过程、机器人和环境感知的集成感知模型。

(4) 智慧能源/智能电力电子技术　从设计、材料、制造工艺到性能评价、小批量生产等的一站式产品开发与服务。

3. 智能制造系统

智能制造系统（IMS）是一种由智能机器和人类专家共同组成的人机一体化智能系统，它在制造过程中能以一种高度柔性与集成度不高的方式，借助计算机模拟人类专家的智能活动进行分析、推理、判断、构思和决策等，从而取代或者延伸制造环境中人的部分脑力劳动。

图 3-18　智能制造大数据

图 3-19 所示为基于蓝牙、RFID、传感器和服务架构的智慧车间示例。

与传统的制造系统相比，智能制造系统具有以下特征：

(1) 自组织能力　IMS 中的各种组成单元能够根据工作任务的需要，自行集结成一种柔性最佳结构，并按照最优的方式运行。其柔性不仅表现在运行方式上，还表现在机构能力上。完成任务后，该结构自动解散，以备在下一个任务中集结成新的结构。自组织能力是 IMS 的一个重要标志。

(2) 自律能力　IMS 具有搜集与理解环境信息及自身的信息，并进行分析判断和规划自身行为的能力。强有力的知识库和基于知识的模型是自律能力的基础，IMS 能根据周围环境和自身作业状况的信息进行检测和处理，并根据处理结果自行调整控制策略，以采用最佳

图 3-19　智慧车间示例

运行方案。这种自律能力使整个制造系统具备抗干扰、自适应和容错等能力。

（3）学习能力与自我维护能力　IMS 能以原有的专家知识为基础，在实践中不断进行学习，充实完善系统的知识库，并删除库中不适用的知识，使知识库更趋合理；同时，还能对系统故障进行自我诊断、故障排除及修复。这种特征使 IMS 能够自我优化并适应各种复杂的环境。

（4）制造系统的智能集成　IMS 在强调各个子系统智能化的同时，更注意整个制造系统的智能集成。这是 IMS 与制造过程中特定应用的"智能化孤岛"的根本区别。IMS 包括了各个子系统，并把它们集成为一个整体，实现系统的智能化。

（5）人机一体化智能系统　IMS 不单纯是"人工智能"系统，而是人机一体化智能系统，是一种混合智能。人机一体化突出人在制造系统中的核心地位，同时在智能机器的配合下，更好地发挥了人的潜能，使人机之间表现出一种平等共事、相互"理解"、相互协作的关系，二者在不同的层次上各显其能，相辅相成。因此，在 IMS 中，高素质、高智能的人将发挥更好的作用，机器智能和人的智能将真正地集成在一起。

（6）虚拟现实　虚拟现实是实现虚拟制造的底层技术，也是实现高水平人机一体化的关键技术之一。人机结合的新一代智能界面，使得可用虚拟手段智能地表现现实，它是智能制造的一个显著特征。

机械制造工艺学课程设计中智能制造的着眼点示例见表 3-20。

表 3-20　机械制造工艺学课程设计中智能制造的着眼点示例

课程设计环节	智能制造着眼点示例
课程设计零件图	结构工艺性、定制化生产的可行性
零件毛坯图	数据共享、智能检测
机械加工工艺过程卡、工序卡	工艺智能决策、虚拟加工
夹具设计任务书	创新商业模式、MES 管理
夹具设计	智能装备、机器人技术、ERP、数字化孪生、VR 技术
课程设计说明书	双碳目标
打印	无纸化办公

第4章

课程设计说明书实例

4.1 零件分析

1. 零件的作用

课程设计给定的零件为拨叉，拨叉是变速器换档机构中的一个主要零件，与变速手柄相连，位于手柄下端，拨动中间变速轮，使输入/输出转速比改变。φ24mm孔套在变速叉轴上，M8螺纹孔用于变速叉轴螺钉连接，拨叉脚则夹在双联变换齿轮的槽中。变速操纵机构通过拨叉头部的操纵槽带动拨叉与轴一起在变速器中滑移，拨叉脚拨动双联变换齿轮在花键轴上滑动，从而实现变速。现在汽车换档多采用 DSG（Direct Shift Gearbox，直接换档变速器）技术。

2. 零件材料

拨叉的材料为45钢（优质碳素结构钢），硬度不高，易切削加工。这种钢的力学性能很好，通常在调质或正火状态下使用。45钢由于是中碳钢，淬火性能并不好，可以淬硬至42~46HRC。常将45钢表面渗碳淬火。

3. 零件的工艺分析

图4-1所示为拨叉零件图，由图可知拨叉的材料为45钢，具有较高的强度和较好的可加工性。拨叉属典型的叉杆类零件。为实现换档、变速的功能，拨叉叉轴孔与变速叉轴有配合要求，因此加工精度要求较高。拨叉脚两端面在工作中需承受冲击载荷，为增强其耐磨性，该表面要求高频感应淬火处理，硬度不小于50HRC；为保证拨叉换档时拨叉脚受力均匀，要求拨叉脚两端面对叉轴孔 φ24mm 的垂直度公差为 0.05mm，平面度公差为 0.08mm。拨叉采用 M8 紧固螺钉定位。

工艺审查：零件图 φ24H7 没有标出公差值，不便于后续加工，12 尺寸右端没有粗糙度要求，修改后的图样如图4-2所示。

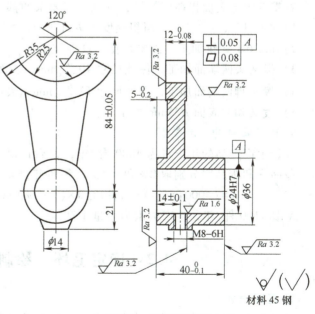

图 4-1 拨叉零件图

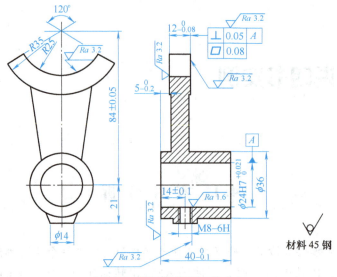

图 4-2 拨叉零件图（修改）

拨叉头两端面和拨叉脚两端面均要求切削加工，并在轴向方向上均高于相邻表面，这样既减少了加工面积，又提高了换档时拨叉脚端面的接触刚度；φ24mm 孔和 M8 螺纹孔的端面均为平面，钻孔工艺性较好。另外，该零件除主要工作表面（拨叉脚两端面、φ24mm 叉轴孔）外，其余表面加工精度均较低，不需要高精度机床加工，通过铣削、钻孔、攻螺纹等粗加工就可以达到加工要求；而主要工作表面虽然加工精度相对较高，但也可以在正常的生产条件下，采用较经济的方法保质保量地加工出来。由此可见，该零件的工艺性较好。主要工作表面为拨叉脚两端面和 φ24mm 叉轴孔。由于拨叉在工作时承受一定的力，因此要有足够的强度、刚度和韧性。

4. 主要加工表面

看零件图上表面粗糙度符号，有机加工要求的都要加工。

1) $\phi 24H7\left(^{+0.021}_{0}\right)$，表面粗糙度为 $Ra1.6\mu m$。
2) M8-6H 螺纹加工，需要钻孔、攻螺纹。
3) 拨叉头两端面加工，保证尺寸 $40^{\ 0}_{-0.1}$ mm，表面粗糙度为 $Ra3.2\mu m$。
4) 拨叉脚两端面加工，保证尺寸 $12^{\ 0}_{-0.08}$ mm，表面粗糙度为 $Ra3.2\mu m$。
5) 拨叉脚内表面 $R25$mm 加工。

5. 确定零件的生产类型

大量生产产品的年产量为 4000 台/年，每台产品中该零件数量为 1 件/台；结合生产实际，备品率和废品率分别取 2% 和 0.5%，零件年产量为

$$N = (4000台/年) \times (1件/台) \times (1+2\%) \times (1+0.5\%) = 4100.4件/年$$

N 取 4100 件/年，生产类型为大量生产。

4.2 确定毛坯、绘制毛坯简图

1. 选择毛坯

拨叉在工作过程中要承受冲击载荷，为增强拨叉的强度和冲击韧性，获得较好的纤维组

织，毛坯选用锻件。该拨叉的轮廓尺寸不大，且生产类型属大批生产，为提高生产率和保证锻件精度，宜采用模锻方法制造毛坯。毛坯的起模斜度为5°。

2. 确定毛坯的尺寸公差和机械加工余量

（1）公差等级 由拨叉的功用和技术要求，确定该零件的公差等级为普通级。

（2）锻件质量 按设计图样，拨叉的质量 $m \approx 0.33\text{kg}$。可初步估计机械加工前锻件毛坯的质量为 0.44kg（密度取 $7.8 \times 10^{-6} \text{kg/mm}^3$）。

（3）锻件形状复杂系数 对拨叉零件图进行分析计算，可大致确定锻件外廓包容体的长度、宽度和高度，即 $l = 95\text{mm}$，$b = 65\text{mm}$，$h = 45\text{mm}$；该拨叉锻件的形状复杂系数为

$$S = \frac{m_f}{m_N} = \frac{0.44\text{kg}}{lbh\rho} = \frac{0.44\text{kg}}{95\text{mm} \times 65\text{mm} \times 45\text{mm} \times 7.8 \times 10^{-6}\text{kg/mm}^3} \approx \frac{0.44}{2.17} \approx 0.203。$$

由于 0.203 介于 0.16 和 0.32 之间，故该拨叉的形状复杂系数属于 S3 级。

（4）锻件材质系数 由于该拨叉材料为 45 钢，是碳的质量分数小于 0.65% 的碳素钢，故该锻件的材质系数属 M_1 级。

（5）锻件分型线形状 根据该拨叉件的形状特点，选择零件高度方向通过螺纹孔轴心的平面为分型面，属于平直分型线。

（6）表面粗糙度 由零件图可知，该拨叉各加工表面的表面粗糙度均大于等于 $Ra1.6\mu\text{m}$。

根据上述诸因素，可查表确定锻造毛坯的尺寸公差和拨叉的机械加工余量，所得结果列于表 4-1 中。

3. 绘制拨叉锻造毛坯简图

由表 4-1 所得结果，绘制毛坯简图如图 4-3 所示。

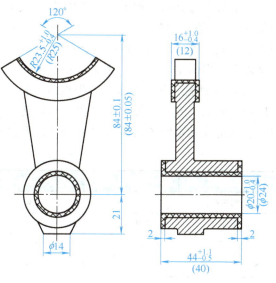

图 4-3 毛坯简图

表 4-1 锻造毛坯的尺寸公差及拨叉的机械加工余量 （单位：mm）

加工表面	零件尺寸	机械加工余量	毛坯公差	毛坯尺寸
拨叉头左右端面	$40_{-0.1}^{0}$	1.5~2（取2）	$1.6_{-0.5}^{+1.1}$	$44_{-0.5}^{+1.1}$
拨叉脚内表面	$R25$	1.5~2（取1.5）	$1.4_{-0.4}^{+1.0}$	$R23.5_{-0.4}^{+1.0}$
拨叉脚两端面	$12_{-0.08}^{0}$	1.5~2（取2）	$1.4_{-0.4}^{+1.0}$	$16_{-0.4}^{+1.0}$
拨叉头孔	$\phi24_{0}^{+0.021}$	2.0	$1.4_{-0.4}^{+1.0}$	$\phi20_{-0.4}^{+1.0}$

4.3 工艺方案和内容的论证

1. 定位基准的选择

定位基准有粗基准和精基准之分，通常先确定精基准，然后再确定粗基准。

(1) 精基准的选择　叉轴孔 $\phi 24H7$ ($^{+0.021}_{0}$) 的轴线是拨叉脚两端面的设计基准，拨叉头左端面是拨叉轴向方向上尺寸的设计基准。选用叉轴孔 $\phi 24H7$ ($^{+0.021}_{0}$) 的轴线和拨叉头左端面作为精基准定位加工拨叉脚两端面，实现设计基准和工艺基准的重合，保证被加工表面的垂直度要求。另外，由于拨叉件刚性较差，受力易产生弯曲变形，选用拨叉头左端面作为精基准，夹紧力作用在拨叉头的右端面上，可避免在机械加工中产生夹紧变形，夹紧稳定可靠。

(2) 粗基准的选择　选择叉轴孔 $\phi 24mm$ 的外圆面和拨叉头右端面作为粗基准。采用 $\phi 24mm$ 外圆面定位加工内孔可保证孔的壁厚均匀；采用拨叉头右端面作为粗基准加工左端面，可以为后续工序准备好精基准。

2. 拟订工艺路线

工艺路线的拟订是制订工艺规程的总体布局，包括：确定加工方法，划分加工阶段，决定工序的集中与分散，加工顺序的安排，以及安排热处理、检验及其他辅助工序（去飞边、倒角等）。它不但影响加工的质量和效率，而且影响工人的劳动强度、设备投资、车间面积、生产成本等。因此，拟订工艺路线是制订工艺规程的关键性一步，必须在充分调查研究的基础上，提出工艺方案，并加以分析比较，最终确定一个最经济合理的方案。

(1) 表面加工方法的确定　根据零件图上各加工表面的尺寸精度和表面粗糙度，查手册确定平面加工方案的经济精度和表面粗糙度；查手册确定孔加工方案的经济精度和表面粗糙度，确定拨叉零件各表面的加工方案，见表 4-2。

表 4-2　拨叉零件各表面的加工方案

加工表面	尺寸及偏差/mm	尺寸公差等级	表面粗糙度 $Ra/\mu m$	加工方案
拨叉脚两端面	$12^{\ 0}_{-0.08}$	IT10	3.2	粗铣→半精铣→磨削
拨叉头孔	$\phi 24^{+0.021}_{\ 0}$	IT7	1.6	钻→扩→粗铰→精铰
螺纹孔	M8-6H	IT6	3.2	钻→丝锥攻内螺纹
拨叉头左端面	$40^{\ 0}_{-0.1}$	IT10	3.2	粗铣→半精铣
拨叉头右端面	$40^{\ 0}_{-0.1}$	IT10	3.2	粗铣→半精铣
拨叉脚内表面	R25	IT12	3.2	粗铣
凸台	12	IT13	12.5	粗铣

(2) 加工阶段的划分　该拨叉加工质量要求较高，可将加工阶段划分成粗加工、半精加工和精加工几个阶段。在粗加工阶段，首先将精基准（拨叉头左端面和叉轴孔）准备好，使后续工序都可采用精基准定位加工，保证其他加工表面的精度要求；然后粗铣拨叉头右端面、拨叉脚内表面、拨叉脚两端面、凸台。在半精加工阶段，完成拨叉脚两端面的半精铣加工和螺纹孔的钻孔、丝锥攻螺纹；在精加工阶段，进行拨叉脚两端面的磨削加工。

(3) 工序的集中与分散　选用工序集中原则安排拨叉的加工工序。该拨叉的生产类型为大量生产，可以采用万能型机床配以专用工具、夹具，以提高生产率；运用工序集中原则可使工件的装夹次数少，不但可缩短辅助时间，而且由于在一次装夹中加工了许多表面，有利于保证各加工表面之间的相对位置精度要求。

(4) 工序顺序的安排

1) 机械加工工序。遵循"先基准后其他"原则，首先加工精基准，即拨叉头左端面和

叉轴孔 $\phi 24H7$ ($^{+0.021}_{0}$); 遵循"先粗后精"原则, 先安排粗加工工序, 后安排精加工工序; 遵循"先主后次"原则, 先加工主要表面, 即拨叉头左端面、叉轴孔 $\phi 24H7$ ($^{+0.021}_{0}$) 和拨叉脚两端面, 后加工次要表面, 即螺纹孔; 遵循"先面后孔"原则, 先加工拨叉头端面, 再加工叉轴孔 $\phi 24H7$ ($^{+0.021}_{0}$); 先铣凸台, 后加工螺纹孔 M8。由此初拟拨叉机械加工工序安排, 见表 4-3。

表 4-3 拨叉机械加工工序安排（初拟）

工序号	工序内容	简要说明
1	粗铣拨叉头两端面	先基准后其他
2	半精铣拨叉头左端面（主要表面）	先基准后其他、先面后孔、先主后次
3	扩、铰 $\phi 24mm$ 孔（主要表面）	先面后孔、先主后次
4	粗铣拨叉脚两端面（主要表面）	先粗后精
5	铣凸台（次要表面）	先面后孔、先主后次
6	钻、攻 M8 螺纹孔（次要表面）	先面后孔（精加工开始）
7	半精铣拨叉头右端面	先粗后精
8	半精铣拨叉脚两端面	先粗后精
9	磨削拨叉脚两端面	先粗后精

2) 热处理工序。模锻成形后切边, 进行调质, 调质硬度为 240~280HBW, 并进行酸洗、喷丸处理。喷丸可以提高表面硬度, 增加耐磨性, 消除毛坯表面因脱碳而对机械加工带来的不利影响。拨叉脚两端面在精加工之前进行局部高频感应淬火, 提高其耐磨性和在工作中承受冲击载荷的能力。工序 8、9 之间增加热处理工序, 即拨叉脚两端面局部淬火。

3) 辅助工序。粗加工拨叉脚两端面和热处理后, 应安排校直工序; 在半加工后, 安排去飞边和中间检验工序; 精加工后, 安排去飞边、清洗和终检工序。

综上所述, 该拨叉工序的安排顺序为: 基准加工→主要表面粗加工及一些余量大的表面粗加工→主要表面半精加工和次要表面加工→热处理→主要表面精加工。

4) 确定工艺路线。在综合考虑上述工序顺序安排原则的基础上, 拟订拨叉机械加工工艺路线, 见表 4-4。

表 4-4 拨叉机械加工工艺路线（修改后）

工序号	工序内容	定位基准
1	粗铣拨叉头两端面	端面、$\phi 24mm$ 孔外圆
2	半精铣拨叉头左端面	右端面、$\phi 24mm$ 孔外圆
3	钻、扩、粗铰、精铰 $\phi 24mm$ 孔	右端面、$\phi 24mm$ 孔外圆、拨叉脚口内表面
4	粗铣拨叉脚两端面	
5	校正拨叉脚	左端面、$\phi 24mm$ 孔
6	铣叉脚口内表面	左端面、$\phi 24mm$ 孔、叉脚口外表面
7	半精铣拨叉脚两端面	左端面、$\phi 24mm$ 孔
8	半精铣拨叉头右端面	左端面、$\phi 24mm$ 孔外圆
9	粗铣凸台	左端面、$\phi 24mm$ 孔、叉脚口内表面
10	钻、攻 M8 螺纹孔	左端面、$\phi 24mm$ 孔、叉脚口内表面

（续）

工序号	工序内容	定位基准
11	去飞边	
12	中检	
13	热处理——拨叉脚两端面局部淬火	
14	校正拨叉脚	
15	磨削拨叉脚两端面	左端面、φ24mm 孔
16	清洗	
17	终检	

3. 加工设备及工艺装备的选用

机床和工艺装备的选择应在满足零件加工工艺的需要和可靠地保证零件加工质量的前提下，与生产批量和生产节拍相适应，并应优先考虑采用标准化的工艺装备和充分利用现有条件，以降低生产准备费用。

拨叉的生产类型为大量生产，可以选用高效的专用设备和组合机床，也可选用通用设备，所选用的夹具均为专用夹具。各工序的加工设备及工艺装备的选用见表 4-5。

表 4-5 各工序的加工设备及工艺装备的选用

工序号	工序内容	加工设备	工艺装备
1	粗铣拨叉头两端面	立式铣床 X5036K	高速钢镶齿面铣刀、游标卡尺
2	半精铣拨叉头左端面	立式铣床 X5036K	高速钢镶齿面铣刀、游标卡尺
3	钻、扩、粗铰、精铰 φ24mm 孔	立式钻床 Z525	麻花钻、扩孔钻、铰刀、卡尺、塞规
4	粗铣拨叉脚两端面	卧式铣床 X6036	三面刃铣刀、游标卡尺
5	校正拨叉脚	钳工台	锤子
6	铣叉脚口内侧面	立式铣床 X5036K	铣刀、游标卡尺
7	半精铣拨叉脚两端面	卧式铣床 X6036	三面刃铣刀、游标卡尺
8	半精铣拨叉头右端面	卧式铣床 X6036	三面刃铣刀、游标卡尺
9	粗铣凸台	卧式铣床 X6036	三面刃铣刀、游标卡尺
10	钻、攻 M8 螺纹孔	立式钻床 Z525	复合钻头、丝锥、卡尺、塞规
11	去飞边	钳工台	平锉
12	中检		塞规、百分表、卡尺等
13	热处理——拨叉脚两端面局部淬火	淬火机等	
14	校正拨叉脚	钳工台	锤子
15	磨削拨叉脚两端面	平面磨床 M7163	砂轮、游标卡尺
16	清洗	清洗机	
17	终检		塞规、百分表、卡尺等

4.4 主要工序的设计与计算

1. 确定加工余量、工序尺寸和公差

工序 1 粗铣拨叉头两端面、工序 2 半精铣拨叉头左端面和工序 8 半精铣拨叉头右端面的加工过程如图4-4所示。

（1）工序1　以拨叉头右端面定位，粗铣左端面，保证工序尺寸L_1；以拨叉头左端面定位，粗铣右端面，保证工序尺寸L_2。

（2）工序2　以拨叉头右端面定位，半精铣左端面，保证工序尺寸L_3。

（3）工序8　以拨叉头左端面定位，半精铣右端面，保证工序尺寸L_4，达到零件图设计尺寸L的要求，$L = 40_{-0.1}^{0}$mm。

由图4-4所示的加工过程示意图，建立分别以Z_2、Z_3和Z_4为封闭环的工艺尺寸链，如图4-5所示。

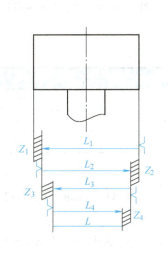

图4-4　加工过程示意图

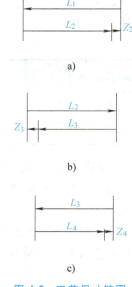

图4-5　工艺尺寸链图

1）求解工序尺寸L_3。查手册得平面精加工余量，得半精铣余量$Z_4 = 1$mm，由图4-4知$L_4 = L = 40_{-0.1}^{0}$mm，由图4-5c知，$Z_4 = L_3 - L_4$，则公称尺寸：$L_3 = L_4 + Z_4 = (40+1)$mm $= 41$mm。由于工序尺寸L_3是在半精铣加工中保证的，查手册的平面加工方案和表面粗糙度，知道半精铣工序的经济加工精度可达到左端面的最终加工要求IT10，因此确定该工序尺寸公差等级为IT10，其公差值为0.1mm，故$L_3 = (41\pm 0.05)$mm。

2）求解工序尺寸L_2。查手册得平面精加工余量，得半精铣余量$Z_3 = 1$mm，由图4-5b知，公称尺寸：$L_2 = L_3 + Z_3 = (41+1)$mm $= 42$mm。由于工序尺寸L_2是在半精铣加工中保证的，查手册的平面加工方案和表面粗糙度，知道半精铣工序的经济加工精度可达到左端面的最终加工要求IT10，因此确定该工序尺寸公差等级为IT10，其公差值为0.1mm，故$L_2 = (42\pm 0.05)$mm。

3）求解工序尺寸L_1。右端加工余量，即$Z_2 = 2 - Z_4 = (2-1)$mm $= 1$mm，由图4-5a知，$Z_2 = L_1 - L_2$，则公称尺寸：$L_1 = L_2 + Z_2 = (42+1)$mm $= 43$mm。查手册的平面加工方案和表面粗糙度，确定该粗铣工序的公差等级为IT13，其公差为0.39mm，故$L_1 = (43\pm 0.195)$mm。

为验证确定的工序尺寸及公差是否合理，还需对加工余量进行校核。

1）余量Z_4的校核。在图4-5c所示尺寸链中Z_4是封闭环，由竖式法（表4-6）计算可得：$Z_4 = 1^{+0.15}_{-0.05}$ mm。

2）余量 Z_3 的校核。在图 4-5b 所示尺寸链中 Z_3 是封闭环，由竖式法（表 4-7）计算可得：$Z_3 = (1 \pm 0.1)$ mm。

表 4-6 余量 Z_4 的校核计算表（单位：mm）

环名称	公称尺寸	上极限偏差	下极限偏差
L_3（增环）	41	+0.05	−0.05
L_4（减环）	−40	+0.1	0
Z_4	1	+0.15	−0.05

表 4-7 余量 Z_3 的校核计算表（单位：mm）

环名称	公称尺寸	上极限偏差	下极限偏差
L_2（增环）	42	+0.05	−0.05
L_3（减环）	−41	+0.05	−0.05
Z_3	1	+0.1	−0.1

3）余量 Z_2 的校核。在图 4-5a 所示尺寸链中 Z_2 是封闭环，由竖式法（表 4-8）计算可得：$Z_2 = (1 \pm 0.245)$ mm。

表 4-8 余量 Z_2 的校核计算表（单位：mm）

环名称	公称尺寸	上极限偏差	下极限偏差
L_1（增环）	43	+0.195	−0.195
L_2（减环）	−42	+0.05	−0.05
Z_2	1	+0.245	−0.245

余量校核结果表明，所确定的工序尺寸公差是合理的。

将工序尺寸按"入体原则"表示：$L_4 = 40^{\ 0}_{-0.1}$ mm，$L_3 = 41^{\ 0}_{-0.1}$ mm，$L_2 = 42^{\ 0}_{-0.1}$ mm，$L_1 = 43^{\ 0}_{-0.39}$ mm。

（4）工序 10　钻、攻 M8 螺纹孔。由于 M8 螺距为 1mm，则钻孔余量为 $Z_{钻} = 7$ mm。由表 2-20 得螺纹底孔（钻孔用麻花钻）直径为 $\phi 7$ mm。

2. 切削用量的计算

（1）工序 1　粗铣拨叉头两端面。该工序分两个工步，工步 1 以右端面定位，粗铣左端面；工步 2 以左端面定位，粗铣右端面。由于这两个工步是在一台机床上经一次进给加工完成的，因此它们所选用的切削速度 v_c 和进给量 f 是一样的。

1）背吃刀量。工步 1 的背吃刀量 a_{p1} 取为 Z_1，Z_1 等于左端面的毛坯总余量减去工序 2 的余量 Z_3，即 $Z_1 = (2-1)$ mm = 1mm；而工步 2 的背吃刀量 a_{p2} 取为 Z_2，故 $a_{p2} = Z_2 = 1$ mm。

2）进给量。由立式铣床 X5036K 功率为 5.5kW，查手册得高速钢镶齿面铣刀粗铣平面进给量，按机床、工件、夹具系统刚度为中等条件选取，该工序的进给量 f_z 取为 0.08mm/z。

3）铣削速度。由本工序采用高速钢镶齿面铣刀，$d_w = 80$ mm、齿数 $z = 10$，查手册得高速钢镶齿面铣刀铣削速度，确定铣削速度 $v_c = 44.9$ m/min。则转速

$$n_s = \frac{1000 v_c}{\pi d_w} = \frac{1000 \times 44.9}{\pi \times 80} \text{r/min} \approx 178.65 \text{r/min}$$

由本工序采用 X5036K 型立式铣床，查手册，取转速 $n_w = 150$ r/min，故实际铣削速度

$$v_c = \frac{\pi d_w n_w}{1000} = \frac{\pi \times 80 \times 150}{1000} \text{m/min} \approx 37.7 \text{m/min}$$

当 $n_w = 150$ r/min 时，工作台的进给量 f_m 应为

$$f_\mathrm{m}=f_\mathrm{z}zn_\mathrm{w}=0.08\times10\times150\mathrm{mm/min}=120\mathrm{mm/min}$$

可查手册得机床进给量为120mm/min。

(2) 工序 2　半精铣拨叉头左端面。

1) 背吃刀量。$a_{\mathrm{p}3}=Z_3=1\mathrm{mm}$。

2) 进给量。由本工序表面粗糙度为 $Ra3.2\mathrm{\mu m}$，查手册得高速钢镶齿面铣刀精铣平面进给量为 0.5~1.2mm/r，每转进给量 f 取为 0.6mm/r，故每齿进给量 f_z 为 0.06mm/z。

3) 铣削速度。由本工序采用高速钢镶齿铣刀、$d_\mathrm{w}=80\mathrm{mm}$、齿数 $z=10$、$f_\mathrm{z}=0.06\mathrm{mm/z}$，查手册得高速钢镶齿面铣刀铣削速度，确定铣削速度 $v_\mathrm{c}=48.4\mathrm{m/min}$。则转速

$$n_\mathrm{s}=\frac{1000v_\mathrm{c}}{\pi d_\mathrm{w}}=\frac{1000\times48.4}{\pi\times80}\mathrm{r/min}\approx192.58\mathrm{r/min}$$

由本工序采用 X5036K 型立式铣床，查手册，取转速 $n_\mathrm{w}=210\mathrm{r/min}$，故实际铣削速度

$$v_\mathrm{c}=\frac{\pi d_\mathrm{w}n_\mathrm{w}}{1000}=\frac{\pi\times80\times210}{1000}\mathrm{m/min}\approx52.78\mathrm{m/min}$$

当 $n_\mathrm{w}=210\mathrm{r/min}$ 时，工作台的进给量 f_m 应为

$$f_\mathrm{m}=f_\mathrm{z}zn_\mathrm{w}=0.06\times10\times210\mathrm{mm/min}=126\mathrm{mm/min}$$

可查手册得机床进给量为120mm/min。

(3) 工序 8　半精铣拨叉头右端面。

1) 背吃刀量。$a_{\mathrm{p}4}=Z_4=1\mathrm{mm}$。

2) 进给量。由本工序表面粗糙度值为 $Ra3.2\mathrm{\mu m}$，查手册得高速钢镶齿面铣刀精铣平面进给量为 0.5~1.2mm/r，每转进给量 f 取为 0.6mm/r，故每齿进给量 f_z 为 0.06mm/z。

3) 铣削速度。由本工序采用高速钢镶齿铣刀、$d_\mathrm{w}=80\mathrm{mm}$、齿数 $z=10$、$f_\mathrm{z}=0.06\mathrm{mm/z}$，查手册得高速钢镶齿面铣刀铣削速度，确定铣削速度 $v_\mathrm{c}=48.4\mathrm{m/min}$。则转速

$$n_\mathrm{s}=\frac{1000v_\mathrm{c}}{\pi d_\mathrm{w}}=\frac{1000\times48.4}{\pi\times80}\mathrm{r/min}\approx192.58\mathrm{r/min}$$

由本工序采用 X6036 型卧式铣床，查手册，取转速 $n_\mathrm{w}=210\mathrm{r/min}$，故实际铣削速度为

$$v_\mathrm{c}=\frac{\pi d_\mathrm{w}n_\mathrm{w}}{1000}=\frac{\pi\times80\times210}{1000}\mathrm{m/min}\approx52.78\mathrm{m/min}$$

当 $n_\mathrm{w}=210\mathrm{r/min}$ 时，工作台的进给量 f_m 应为

$$f_\mathrm{m}=f_\mathrm{z}zn_\mathrm{w}=0.06\times10\times210\mathrm{mm/min}=126\mathrm{mm/min}$$

可查手册得机床进给量为120mm/min。

(4) 工序 10　钻、攻 M8 螺纹孔。

1) 钻 $\phi7\mathrm{mm}$ 孔。由工件材料为 45 钢、孔 $\phi7\mathrm{mm}$、高速钢钻头，查手册得高速钢麻花钻钻削碳钢的切削用量：切削速度 $v_\mathrm{c}=20\mathrm{m/min}$，进给量 $f=0.20\mathrm{mm/r}$，取 $d_\mathrm{w}=7\mathrm{mm}$。则转速

$$n_\mathrm{s}=\frac{1000v_\mathrm{c}}{\pi d_\mathrm{w}}=\frac{1000\times20}{\pi\times7}\mathrm{r/min}\approx910\mathrm{r/min}$$

由本工序采用 Z525 型立式钻床，取转速 $n_\mathrm{w}=960\mathrm{r/min}$，故实际切削速度为

$$v_\mathrm{c}=\frac{\pi d_\mathrm{w}n_\mathrm{w}}{1000}=\frac{\pi\times7\times960}{1000}\mathrm{m/min}\approx21.1\mathrm{m/min}$$

2) 攻螺纹。由于螺纹螺距为 1mm，则进给量为 $f=1\mathrm{mm/r}$，查手册得组合机床上加工螺

纹的切削速度 $v_c = 3 \sim 8 \text{m/min}$，取 $v_c = 5\text{m/min}$，d 为螺纹公差尺寸 8mm 所以该工位主轴转速

$$n = \frac{1000v_c}{\pi d} = \frac{1000 \times 5}{\pi \times 8} \text{r/min} \approx 199\text{r/min}$$

由本工序采用 Z525 型立式钻床，取转速 $n = 195\text{r/min}$，故实际切削速度为

$$v_c = \frac{\pi d n}{1000} = \frac{\pi \times 8 \times 195}{1000} \text{m/min} \approx 4.90\text{m/min}$$

3. 时间定额的计算

（1）基本时间定额 t_j 的计算　包括工序 1、2、8、10 的基本时间定额。

1）工序 1。粗铣拨叉头两端面。该工序包括两个工步，两个工件同时加工。由面铣刀对称铣平面、主偏角 $\kappa_r = 90°$，查手册，计算铣削基本时间。

切入长度 $l_1 = 0.5(d - \sqrt{d^2 - a_e^2}) + (1 \sim 3)\text{mm}$

式中，$(1 \sim 3)\text{mm}$ 取 2mm；a_e 为铣削宽度，取 36mm。

切出长度 $l_2 = 1 \sim 3\text{mm}$，取 2mm

则 $l_1 = 0.5(d - \sqrt{d^2 - a_e^2}) + (1 \sim 3)\text{mm} = 0.5 \times (80 - \sqrt{80^2 - 36^2})\text{mm} + 2\text{mm} = 6.3\text{mm}$

$$l_2 = 2\text{mm}$$

行程长度 $l = 2 \times 36\text{mm} = 72\text{mm}$

进给量 $f_m = 120\text{mm/min}$，进给次数 $i = 1$，则该工序的基本时间定额为

$$t_j = \frac{l + l_1 + l_2}{f_m i} = \frac{72 + 6.3 + 2}{120 \times 1} \approx 0.669\text{min} = 40.1\text{s}$$

2）工序 2。半精铣拨叉头左端面。同理，有

$$l_1 = 0.5(d - \sqrt{d^2 - a_e^2}) + (1 \sim 3)\text{mm} = 0.5 \times (80 - \sqrt{80^2 - 36^2})\text{mm} + 2\text{mm} = 6.3\text{mm}$$

$$l_2 = 2\text{mm}$$

$$l = 36\text{mm}$$

则该工序的基本时间为

$$t_j = \frac{l + l_1 + l_2}{f_m i} = \frac{36 + 6.3 + 2}{120 \times 1} \text{min} \approx 0.369\text{min} = 22.1\text{s}$$

3）工序 8。半精铣拨叉头右端面。同理，有

$$l_1 = 0.5(d - \sqrt{d^2 - a_e^2}) + (1 \sim 3)\text{mm} = 0.5 \times (80 - \sqrt{80^2 - 36^2})\text{mm} + 2\text{mm} = 6.3\text{mm}$$

$$l_2 = 2\text{mm}$$

$$l = 36\text{mm}$$

则该工序的基本时间定额为

$$t_j = \frac{l + l_1 + l_2}{f_m i} = \frac{36 + 6.3 + 2}{120 \times 1} \text{min} \approx 0.369\text{min} = 22.1\text{s}$$

4）工序 10。钻、攻 M8 螺纹孔。

① 钻孔工步。D：加工后 $\phi 7\text{mm}$，查手册得钻头角度取 118°，$\varphi = 118°/2 = 59°$，可知该工步 $l_1 = \frac{D}{2} \cot\varphi + 2\text{mm}$，则 $l_1 = 3.1\text{mm}$，$l_2 = 1\text{mm}$，$l = 9\text{mm}$，该工序的基本时间定额为

$$t_{\mathrm{j}}=\frac{l+l_1+l_2}{fn_{\mathrm{w}}}=\frac{9+3.1+1}{0.2\times 960}\mathrm{min}\approx 0.07\mathrm{min}=4.2\mathrm{s}$$

② 攻螺纹。查手册,可知该工步 $l=9\mathrm{mm}$, $l_1=(1\sim 3)\mathrm{mm}$,取 $2\mathrm{mm}$, $P=2\mathrm{mm}$, $l_2=(2\sim 3)\mathrm{mm}$,取 $2\mathrm{mm}$, $P=3\mathrm{mm}$,则该工序的基本时间定额为

$$t_{\mathrm{j}}=\frac{l+l_1+l_2}{fn}=\frac{9+2+2}{1\times 195}\mathrm{min}\approx 0.07\mathrm{min}=4.2\mathrm{s}$$

(2) 辅助时间定额 t_{f} 的计算 t_{f} 与 t_{j} 之间的关系为 $t_{\mathrm{f}}=(0.15\sim 0.2)t_{\mathrm{j}}$,取 $t_{\mathrm{f}}=0.15t_{\mathrm{j}}$,则各工序的辅助时间定额分别为:

工序 1 的辅助时间定额　　　　$t_{\mathrm{f}}=0.15\times 40.1\mathrm{s}\approx 6.0\mathrm{s}$
工序 2 的辅助时间定额　　　　$t_{\mathrm{f}}=0.15\times 22.1\mathrm{s}\approx 3.3\mathrm{s}$
工序 8 的辅助时间定额　　　　$t_{\mathrm{f}}=0.15\times 22.1\mathrm{s}\approx 3.3\mathrm{s}$
工序 10 钻孔工步的辅助时间定额　$t_{\mathrm{f}}=0.15\times 4.2\mathrm{s}\approx 0.6\mathrm{s}$
攻螺纹工步的辅助时间定额　　　$t_{\mathrm{f}}=0.15\times 4.2\mathrm{s}\approx 0.6\mathrm{s}$

(3) 其他时间定额的计算 除了操作时间(基本时间与辅助时间之和)以外,每道工序的单件时间定额还包括布置工作地时间、休息与生理需要时间和准备与终结时间。由于拨叉的生产类型为大批生产,分摊到每个工件上的准备与终结时间甚微,可忽略不计;布置工作地时间定额 t_{b} 是操作时间的 2%~7%,休息与生理需要时间定额 t_{x} 是操作时间的 2%~4%,均取为 3%,则各工序的其他时间定额 $(t_{\mathrm{b}}+t_{\mathrm{x}})$ 可按关系式 $(3\%+3\%)\times (t_{\mathrm{j}}+t_{\mathrm{f}})$ 计算,它们分别为:

工序 1 的其他时间定额　　　　$t_{\mathrm{b}}+t_{\mathrm{x}}=6\%\times (40.1\mathrm{s}+6.0\mathrm{s})\approx 2.8\mathrm{s}$
工序 2 的其他时间定额　　　　$t_{\mathrm{b}}+t_{\mathrm{x}}=6\%\times (22.1\mathrm{s}+3.3\mathrm{s})\approx 1.5\mathrm{s}$
工序 8 的其他时间定额　　　　$t_{\mathrm{b}}+t_{\mathrm{x}}=6\%\times (22.1\mathrm{s}+3.3\mathrm{s})\approx 1.5\mathrm{s}$
工序 10 钻孔工步的其他时间定额 $t_{\mathrm{b}}+t_{\mathrm{x}}=6\%\times (4.2\mathrm{s}+0.6\mathrm{s})\approx 0.3\mathrm{s}$
攻螺纹工步的其他时间定额　　　$t_{\mathrm{b}}+t_{\mathrm{x}}=6\%\times (4.2\mathrm{s}+0.6\mathrm{s})\approx 0.3\mathrm{s}$

(4) 单件时间定额 t_{dj} 的计算 各工序的单件时间定额分别为:

工序 1 的单件时间定额　　　　$t_{\mathrm{dj}}=40.1\mathrm{s}+6.0\mathrm{s}+2.8\mathrm{s}=48.9\mathrm{s}$
工序 2 的单件时间定额　　　　$t_{\mathrm{dj}}=22.1\mathrm{s}+3.3\mathrm{s}+1.5\mathrm{s}=26.9\mathrm{s}$
工序 8 的单件时间定额　　　　$t_{\mathrm{dj}}=22.1\mathrm{s}+3.3\mathrm{s}+1.5\mathrm{s}=26.9\mathrm{s}$
工序 10 的单件时间定额 t_{dj} 为两个工步单件时间定额的和,其中
钻孔工步　　　　　　　　　　$t_{\mathrm{djz}}=4.2\mathrm{s}+0.6\mathrm{s}+0.3\mathrm{s}=5.1\mathrm{s}$
攻螺纹工步　　　　　　　　　$t_{\mathrm{djg}}=4.2\mathrm{s}+0.6\mathrm{s}+0.3\mathrm{s}=5.1\mathrm{s}$
因此,工序 10 的单件时间定额　$t_{\mathrm{dj}}=t_{\mathrm{djz}}+t_{\mathrm{djg}}=5.1\mathrm{s}+5.1\mathrm{s}=10.2\mathrm{s}$。

将上述零件工艺规程设计的结果填入工艺文件——机械加工工艺过程卡和机械加工工序卡。

4.5 专用钻床夹具设计

1. 夹具设计任务

为了提高劳动生产率,保证加工质量,降低劳动强度,需设计专用夹具。为工序 10 设

计钻床夹具，所用机床为 Z525 型立式钻床，成批生产。

(1) 工序尺寸和技术要求　加工拨叉螺纹孔 M8-H6。

(2) 生产类型及时间定额　生产类型为大量生产，时间定额为小于 10.2s。

(3) 设计任务书

2. 拟订钻床夹具结构方案与绘制夹具草图

(1) 确定工件定位方案，设计定位装置　分析工序简图可知，加工螺纹孔 M8-H6，距离 B 面的尺寸为 (14±0.1)mm。从基准的重合原则和定位的稳定性、可靠性出发，选择 B 面为主要定位基准面，并选择 $\phi 24^{+0.021}_{0}$ mm 孔轴线和工件叉口面为另两个定位基准面。

定位装置选用一面两销（图 4-6），长定位销与工件定位孔配合，限制四个自由度，定位销轴肩小环面与工件定位端面接触，限制一个自由度，挡销与工件叉口接触，限制一个自由度，实现工件正确定位。定位孔与定位销的配合尺寸取为 $\phi 24H7/f6$（在夹具上标出定位销配合尺寸 $\phi 24H7/f6$）。对于工序尺寸 (14±0.1)mm 而言，定位基准与工序基准重合，定位误差 $\Delta_{dw}(14)=0$；加工螺纹孔 M8-6H 由刀具直接保证，$\Delta_{dw}(\phi 8)=0$。由上述分析可知，该定位方案合理、可行。

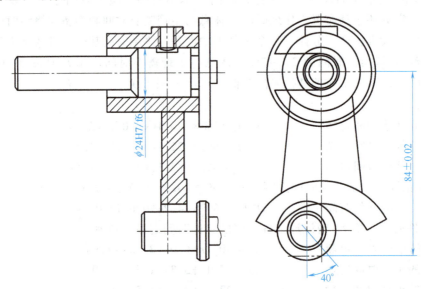

图 4-6　一面两销定位方案图

(2) 确定工件的夹紧方案，设计夹紧装置　钻套的轴向刚度比径向刚度好，因此夹紧力应指向限位台阶面。针对大量生产的工艺特征，此夹具选用螺旋夹紧机构。

(3) 确定导向方案，设计导向装置　为能迅速、准确地确定刀具与夹具的相对位置，钻夹具上应设置引导刀具的元件——钻套。钻套一般安装在钻模板上，钻模板与夹具体连接，钻套与工件之间留有排屑空间。本工序要求对被加工孔依次进行钻、攻螺纹两个工步的加工，最终达到工序简图上规定的加工要求，故选用快换钻套作为刀具的导向元件，如图 4-7 所示。按标准选 7F×12k6 快换钻套、M6 固定螺钉。

(4) 确定夹具体结构形式及夹具在机床上的安装方式　考虑夹具的刚度、强度和工艺性要求，采用铸造夹具体结构。

(5) 绘制夹具草图

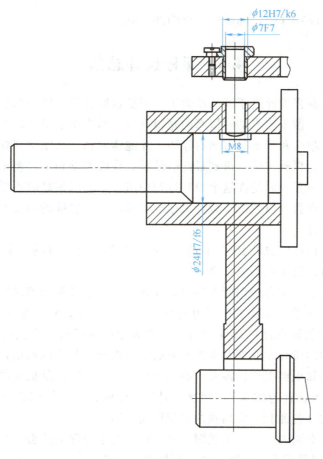

图 4-7 导向装置简图

3. 绘制夹具装配总图

钻模的装配总图上应将定位心轴、钻模板与夹具体的连接结构表达清楚。其中定位心轴与夹具体采用过渡配合 φ12H7/k6，用锁紧螺母固定。钻模板与夹具体用两个销钉、两个螺钉连接。夹具装配时，等钻模板的位置调整准确后再拧紧螺钉，然后配钻、铰销钉孔，打入销钉。

4. 夹具装配图上标注尺寸、配合及技术要求

1) 最大轮廓尺寸。

2) 确定定位元件之间的尺寸与公差。定位销与削边销中心距尺寸公差取工件相应尺寸公差的 1/3，极限偏差对称标注，即标注尺寸为（84±0.02）mm。

3) 确定导向元件与定位元件之间的尺寸与公差。根据工序简图上规定的被加工孔的加工要求，确定钻套轴线与定位销定位环面（轴肩）之间的尺寸：取为（14±0.03）mm，其公差值取为零件相应尺寸（14±0.1）mm 的公差值的 1/3，极限偏差对称标注。

4) 确定定位元件与夹具体的尺寸与公差。定位销轴线与夹具底面的平行度公差取为 0.02mm。

5) 标注关键件的配合。

5. 夹具零件图

按夹具装配图拆画零件图，标准件和外购件不画。

4.6　课程设计总结

机械制造工艺学课程设计终于圆满结束了。回忆这段日子，用一句话可以表达它——痛并快乐着。遇到困难，做不出来的时候真的是很痛苦，而当做了很久终于做出来的时候又有一种成就感。其中的艰辛和满足只有亲自经历了才能体验到。从刚拿到题目的迷茫，到设计过程中一点点地明了，再到迷茫，再到最终的结果，我确实学到了许多东西，不仅是对专业知识的复习和巩固，更重要的是在这个设计过程中培养了面对困难时不要退缩的精神，很多问题只要再坚持一点点就可以解决。设计中体现了机械专业思维的缜密性，考虑问题的周到性和终身学习的必要性。

当然，我在本次设计中也找到了自己的不足，很多以前学过的专业知识都感到很陌生了，不得不再去补习，效率也不怎么高。

课程设计是培养学生综合运用所学知识，发现、提出、分析和解决实际问题，锻炼实践能力的重要环节，是对学生实际工作能力的具体训练和考察过程。此次设计是在学完"机械制造工艺学"和"机械设计"等课程后的一次对专业知识的综合性的实际运用，更是在学完大学几年来所学的所有专业课及金工实习后的一次理论与实践相结合的综合训练。

此次设计涉及的知识面很广，涉及"材料力学""工程材料及机械制造基础""机械制造工艺学""机械精度设计与测量""机械设计""机械制图"等课程的相关知识，同时还涉及了生产实习中的一些经验，应用到的知识广而全面。

这次设计虽然只有两周时间，但我对这次设计已有了很深的体会，具体如下：

1) 培养了查阅相关手册、标准、图表等技术资料的能力。

2) 对以前所学的知识进行了一次巩固与复习，特别是在识图、手工绘图、计算机绘图、计算、公差标注等方面有了更深入的理解。

3) 这次设计使我对于以前所掌握的关于零件加工方面的知识有了更加系统化和深入的了解。设计过程中不但要考虑参数的确定、计算，材料的选取，加工方式的选取，刀具、量具选择等，还有考虑切削液的回收、夹具的再制造等。

4) 培养了综合运用设计和工艺等方面知识的能力，通过夹具设计，能够综合应用机械制图和公差配合等知识。

5) 学无止境，作为未来的工程师，要具有终身学习的能力，锻炼与提高自己独立思考的能力和创新能力。

6) 再次体会到理论与实践相结合时，理论与实践存在的差异。

在此感谢老师们悉心的指导和所给予的帮助。在设计过程中，通过查阅大量有关资料，并向老师请教等，我学到了不少知识，也经历了不少艰辛，但收获同样巨大。在整个设计中我懂得了许多东西，也培养了独立工作的能力，树立了对自己工作能力的信心，相信会对今后的学习、工作、生活有非常重要的影响。本次设计大大提高了我的动手能力，使我充分体会到在设计过程中探索的艰难和成功时的喜悦。在设计过程中所学到的东西是这次课程设计的最大收获和财富，会使我终身受益，更为我毕业后走向社会起到了重要的作用。

4.7 参 考 文 献

［1］ 王先逵. 机械制造工艺学［M］. 4版. 北京：机械工业出版社，2019.
［2］ 宋沂轩. 整体叶盘加工变形分析及其夹具控制技术［D］. 北京：北京交通大学，2022.
［3］ 陈龙灿，彭全，张钰柱，等. 智能制造加工技术［M］. 北京：机械工业出版社，2021.
［4］ 叶文华. 机械制造工艺与装备［M］. 北京：电子工业出版社，2020.
［5］ 许晓旸. 专用机床设备设计［M］. 重庆：重庆大学出版社，2003.
［6］ 孙已德. 机床夹具图册［M］. 北京：机械工业出版社，1984.
［7］ 王光斗，王春福. 机床夹具设计手册［M］. 3版. 上海：上海科学技术出版社，2000.
［8］ 梁柱彬，黄仲庸. 基于真空吸附的机顶盒壳体夹具优化设计［J］. 金属加工（冷加工），2023（8）：35-38.

第5章

课程设计图例和常见错误

5.1 图 纸 规 范

为了便于图纸的保管和使用，GB/T 14689—2008《技术制图 图纸幅面和格式》对图纸的幅面尺寸进行了相关规定。A0图纸的面积是$1m^2$（$B×L=841mm×1189mm$），其余图纸幅面的确定：A0→A1→A2→A3→A4 依次对折，图纸的幅宽和长度之比为$1:\sqrt{2}$。

1. 技术要求内容

图中技术要求一般包括下列内容：
1) 对材料、毛坯和热处理的要求。
2) 对有关结构要素的统一要求（如圆角、倒角等）。
3) 表面质量要求。
4) 对校准、调整及密封等的要求。
5) 试验条件和方法。
6) 视图中难以表达的各种特殊要求。
7) 零件的性能和质量要求（如噪声、制动及安全等）。

2. 标题栏参考格式

不管是A0～A4的何种图纸，标题栏的格式和尺寸是固定的，不允许随视图放大或缩小。标题栏的格式如图5-1所示。

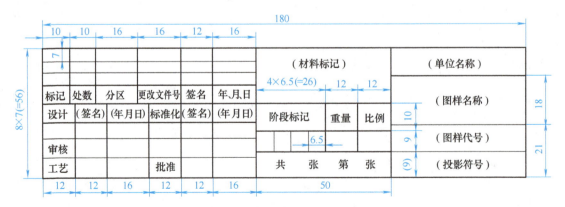

图5-1 标题栏的格式

3. 明细栏参考格式

明细栏的格式如图5-2所示。

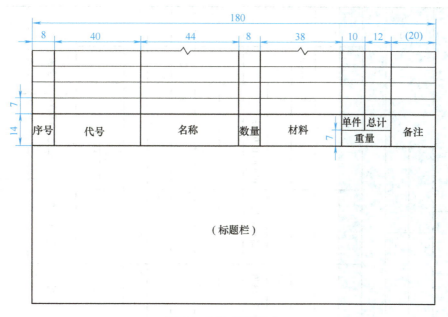

图 5-2 明细栏的格式

5.2 课程设计图例

1）机械加工工艺过程卡片（表 5-1）。
2）机械加工工序卡片（表 5-2）。
3）装配工艺卡片（表 5-3）。
4）夹具三维装配图（图 5-3~图 5-5）。

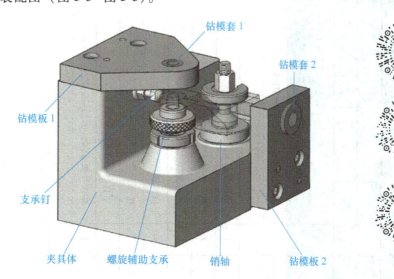

图 5-3 钻削夹具（钻模）三维装配图

钻削夹具（钻模）可以简单分为分度钻夹具、盖板式钻夹具、箱式钻夹具。

表 5-1　机械加工工艺过程卡片

××大学	部门	机械加工工艺过程卡片		产品型(代)号	ZL5002	零(部)件(代)号	9	共 3 页	
	机械学院			产品名称	转斗液压缸	零件名称	连接件	第 1 页	
材料牌号	45	毛坯种类	锯料件	单件净重/kg	0.32	每毛坯可制件数	3	备注	
材料规格		毛坯外形尺寸	φ112mm×95mm	单件毛重/kg	0.38	每台件数	6		

工序号	工步号	工序内容	设备	工艺装备			操作人数	工序工时/min	
				编号	名称	规格		机动	辅助
热加工		下料,调质处理 240~280HBW							
1		粗车							
	1	用自定心卡盘装夹,找正	CA6140						
	2	粗车外圆 φ110mm 成,长 25mm		GB/T 21389	游标卡尺	200mm/0.02mm	1	0.5	1
	3	车端面,保证尺寸 23mm							
	4	倒钝锐边							
2		精车							
	1	用自定心卡盘装夹,找正	CA6140						
	2	精车外圆 φ(95±0.2)mm 成,长 10mm					1	2	1

				设计(日期)	校对(日期)	审核(日期)	标准化(日期)	会签(日期)
标记	处数	更改文件号	签字	日期	标记	处数	更改文件号	签字	日期

第5章 课程设计图例和常见错误

表5-2 机械加工工序卡片

××大学	机械加工工序卡片	产品型(代)号		零(部)件(代)号		拨叉		共1页
		产品名称		零件名称		9		第1页

	车间	工序号	工序名称	材料牌号
	加工	0	铣削	HT200
	毛坯种类	毛坯外形尺寸	每毛坯可制件数	每台件数
	铸件	83mm×73mm×40mm	1	2
	设备名称	设备型号	设备编号	同时加工件数
	铣床	XA6132	50	1
	夹具编号	夹具名称		切削液
	ZJKJXY-Z5	铣B面夹具		乳化油
	刀具	工位器具名称		工序工时/min
	高速钢面铣刀			准终 / 单件
				0.861 / 0.2

工步号	工步内容	工艺装备	主轴转速 (r/min)	切削速度 (m/min)	进给量 (mm/r)	背吃刀量 mm	进给次数	工步工时/min	
								机动	辅助
1	夹具装夹								
2	粗铣B面,留余量0.2mm	GB/T 21389 游标卡尺 200/0.02	150	23.7	0.6	3	1	0.525	0.3
3	铣B面,保证尺寸27mm,表面粗糙度值为Ra3.2μm		210	33.1	0.512	0.2	1	0.336	

		设计(日期)	校对(日期)	审核(日期)	标准化(日期)	会签(日期)

标记	处数	更改文件号	签字	日期	标记	处数	更改文件号	签字	日期

表 5-3 装配工艺卡片

××大学		装配工艺卡片	产品型(代)号	ZL5002	部件(代)号		共1页	
部门 机械学院			产品名称	转斗液压缸	部件名称		第1页	
工序号	工步号	作业内容	代号或零件号	名称	数量	设备	工艺装备	工时/min
1		备件						
	1	按明细栏备齐所有零件						
	2	检查是否有磕碰,如有应及时处理						
	3	清除毛刺、倒角、倒钝						
2		清洗						10
	1	将所有零件清洗干净				清洗机		
	2	将外购件清洗干净						
3		部装压盖						20
	1	将防尘圈装入压盖槽内	ZL5002-1	压盖	1			
	2	将铜套装入压盖槽内	SJB3-70C	防尘圈	1			
4		调试	ZL5002	铜套	1			1
	1	各部件运转灵活,不得有卡滞现象						
5		铆铭牌	ZL5002-11	铭牌	1	手电钻	GB/T 6135.2,直钻 φ2.9mm	5
生		涂漆						1
					设计(日期)	校对(日期)	审核(日期)	标准化(日期)	会签(日期)
标记	处数	更改文件号	签字	日期					
标记	处数	更改文件号	签字	日期					

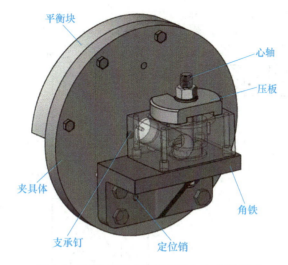

图 5-4　车削夹具（弯扳夹具）三维装配图

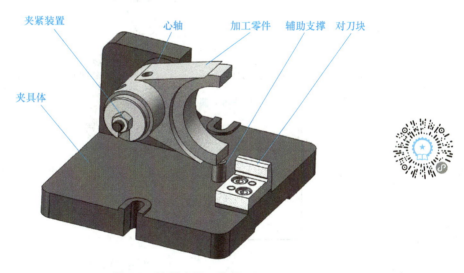

图 5-5　铣削夹具三维装配图

5.3　课程设计常见错误

1. 任务图（图 5-6）

点评：

给定任务图，要求进行结构工艺审查，大部分同学对图样工艺性能没有提出意见。图 5-6 中，图样的字体不一、图样视图错误、表面粗糙度、基准符号和几何公差的标注采用了旧标准等。技术要求中"未注倒角 1×45°"，表示错误，应该改成"未注倒角 C1"。

2. 毛坯图（图 5-7）

点评：

1）毛坯图不应该有表面粗糙度符号（而且表面粗糙度符号是旧标准）。

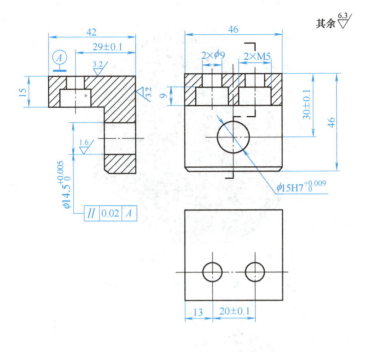

设计加工孔 φ15的夹具

图 5-6　课程设计任务图

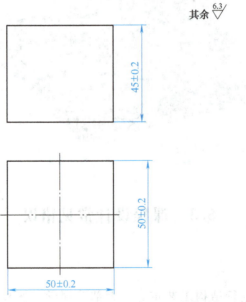

图 5-7　毛坯图

2）零件的最终轮廓应该用双点画线画出，标出参考尺寸（用括号括出）。

3）毛坯尺寸的极限偏差要求（±0.2mm）比零件尺寸极限偏差还高，明显不合理。

4）技术要求照抄零件图，不对。"未注倒角 1×45°"，表示错误，应改成"未注倒角 $C1$。"

3. 机械加工工艺过程卡片（图5-8）

		机械加工工艺过程卡片		产品型号		零件图号					
				产品名称	小轴座	零件名称	小轴座	共 1 页 第 1 页			
材料牌号	45	毛坯种类	方料	毛坯外形尺寸	50mm×50mm×45mm	每毛坯件数	1	每台件数	1	备注	
工序号	工序名称	工序内容			车间	工段	设备	工艺装备		工时/min	
										准终	单件
1	备料	备料毛坯 50mm×50mm×45mm									
2	铣	粗、精铣小轴座六平面，铣至尺寸 46mm×46mm×42mm			金工		X52K	硬质合金面铣刀、游标卡尺			
3	铣	粗、精铣小轴座台阶面			金工		X52K	硬质合金面铣刀、游标卡尺			
4	钻	钻 2×φ9mm孔，2×φ15mm孔			金工		Z525	麻花钻、游标卡尺			
5	钻	钻、扩、铰 φ15H7孔			金工		Z525	麻花钻、扩孔刀、铰刀、游标卡尺			
6	钳	去飞边，导角			金工		钳工台	锉刀、游标卡尺			
7	终检	入库									

图5-8 机械加工工艺过程卡片

点评：

1）表头和表尾（签字栏）要同页，完整的工艺过程卡片的表头和表尾在同一页上。
2）备料和终检不算加工工序，不编号。
3）工序名称不能简单地写铣、钻，要写"铣削""钻削"，工序内容要写工步 1，2，3……
4）<u>粗铣和精铣是两道工序</u>。
5）钳不是工序名称，应该写"钳加工"，倒角写错别字"导角"了。
6）X52K 属于国家公布的淘汰机电产品，建议选用 X5036K。

4. 机械加工工序卡片（图5-9）

		机械加工工序卡片	产品型号		零件图号	9		
			产品名称	连接件	零件名称	连接件	共10页 第1页	
			车间		工序号	工序名称	材料牌号	
			金工		10	锯	40Cr	
			毛坯种类	毛坯外形尺寸	每毛坯可制件数	每台件数		
			型材	20mm×20mm×4000mm	75	10		
			设备名称	设备型号	设备编号	同时加工件数		
			锯床	G4240	50	10		
			夹具编号		夹具名称	切削液		
					液压虎钳	柴油		
			工位器具编号		工位器具名称	工序工时/min		
						准终	单件	
工步号	工步内容	工艺装备	主电动机功率/kW	切削速度 (m/min)	进给量 (mm/r)	背吃刀量 (mm)	进给次数	工序工时/min
								机动 辅助
1	锯一端面，见平	随机锯条	3	65	200	200	1	
2	锯长 53mm 的端面	随机锯条	3	65	200	200	1	
…	…	…	…	…	…	…	…	
75	锯长 53mm 的端面	随机锯条	3	65	200	200	1	

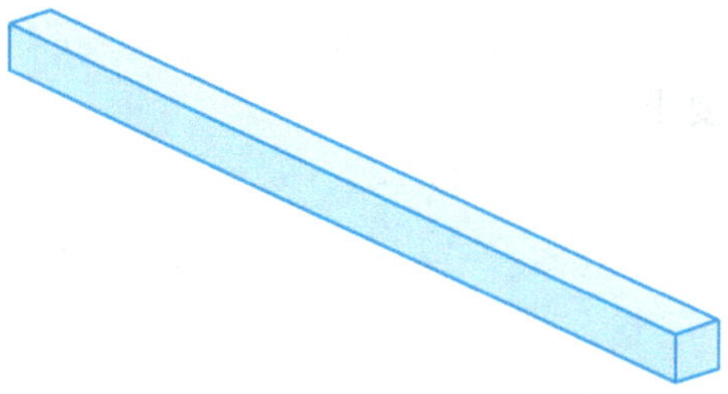

图5-9 机械加工工序卡片

点评：

1）工序图明显不对，没有当前工序尺寸及相关尺寸，没有定位、夹紧符号。
2）工序名称不规范，应该是"锯削"。
3）工艺装备是夹具、量具等，随机锯条不是工艺装备。
4）工步号75，编号太大，切削用量不合理。背吃刀量怎么会是200mm。
5）主电动机功率栏没有必要填写。

5. 夹具设计任务书（图5-10）

机械学院		夹具设计任务书		产品型(代)号		零(部)件(代)号	
				产品名称		零件名称	编码器连接块
				每台件数		生产批量	4000
				工装编号		使用部门	
				工装名称		使用设备	
				工序号	100		
				工序内容	铣8×10的槽		
				设计说明		验收要求	
				为避免零件加工时浪费大量时间			
编制(日期)		审核(日期)		批准(日期)			

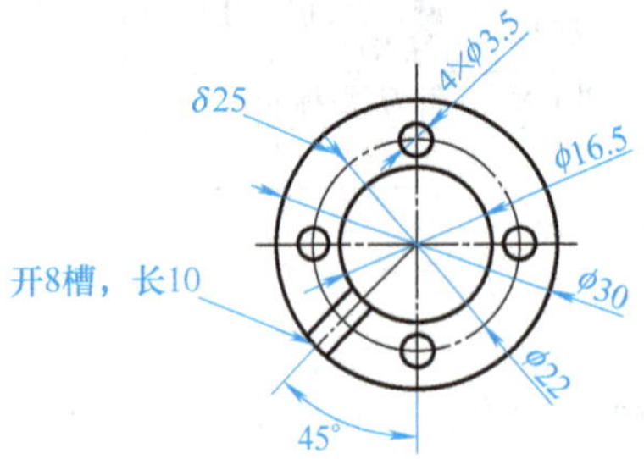

图 5-10　夹具设计任务书

点评：

1）表头没有填全。
2）附图没有表面粗糙度和加工要求。
3）附图中孔的加工安排在铣槽后，这里没有加工，不要画出。
4）附图没有定位和夹紧等要求。
5）设计说明理由牵强，不详细，没有验收要求。

6. 夹具装配图（图5-11）

点评：

1）没有技术要求。
2）装配图应该有明细栏。
3）没有说明夹具体与机床怎么连接。
4）如何定位、如何夹紧没有说明。
5）画出这种夹具装配图说明该同学没有搞清楚夹具设计的目的，机械制图基础薄弱。

7. 夹具零件图（图5-12）

点评：

1）主视图应该是零件最能表达清楚的视图，图样布置不对。

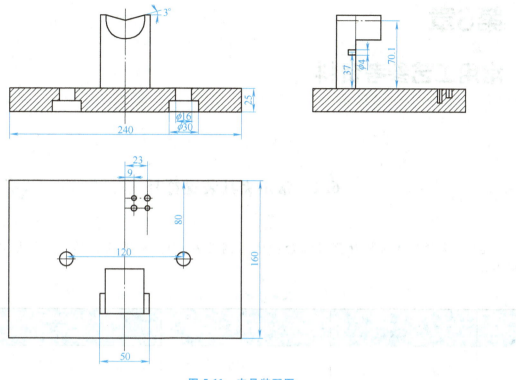

图 5-11 夹具装配图

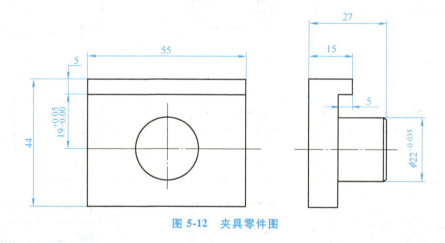

图 5-12 夹具零件图

2）没有表面粗糙度符号。

3）公差标注不正确、字体大小不一致，几何公差不会选用、标注。

8. 课程设计说明书

说明书应附有必要简图，计算过程要详细。计算结果要查表简化，符合生产实际，不要出现卧式车床车削转速 1300r/min、钻 φ2mm 孔的钻削转速 2000r/min，进给量 0.1234mm/r 等违反常规的错误。部分同学排版有错误，如字体选 4 号、2 倍字距、没有页码、图表没有编号和图表没有居中等。

第6章

常用工艺参考资料

6.1 常用夹具装置符号

定位、夹紧符号与装置符号综合标注示例见表6-1。常用的夹具装置符号和图例见表6-2。

表6-1 定位、夹紧符号与装置符号综合标注示例

序号	说　明	定位、夹紧符号标注示意图	装置符号标注或与定位、夹紧符号联合标注示意图
1	床头固定顶尖、床尾固定顶尖定位拨杆夹紧		
2	床头固定顶尖、床尾浮动顶尖定位拨杆夹紧		
3	床头内拨顶尖、床尾回转顶尖定位夹紧		
4	床头外拨顶尖、床尾回转顶尖定位夹紧		

第6章　常用工艺参考资料

（续）

序号	说　明	定位、夹紧符号标注示意图	装置符号标注或与定位、夹紧符号联合标注示意图
5	床头弹簧夹头定位夹紧，夹头内带有轴向定位，床尾内顶尖定位		
6	弹簧夹头定位夹紧		
7	液压弹簧夹头定位夹紧，夹头内带有轴向定位		
8	弹性心轴定位夹紧		
9	气动弹性心轴定位夹紧，带端面定位		
10	锥度心轴定位夹紧		

（续）

序号	说　明	定位、夹紧符号标注示意图	装置符号标注或与定位、夹紧符号联合标注示意图
11	圆柱心轴定位夹紧，带端面定位		
12	自定心卡盘定位夹紧		
13	液压自定心卡盘定位夹紧，带端面定位		
14	单动卡盘定位夹紧，带轴向定位		
15	单动卡盘定位夹紧，带端面定位		
16	床头固定顶尖，床尾浮动顶尖定位，中部有跟刀架辅助支承，拨杆夹紧（细长轴类零件）		

第6章　常用工艺参考资料

（续）

序号	说　明	定位、夹紧符号标注示意图	装置符号标注或与定位、夹紧符号联合标注示意图
17	床头自定心卡盘带轴向定位夹紧，床尾中心架支承定位		
18	止口盘定位螺栓压板夹紧		

表 6-2　常用的夹具装置符号和图例

序号	符号	名称	图例	序号	符号	名称	图例
1		固定顶尖		6		浮动顶尖	
2		内顶尖		7		伞形顶尖	
3		回转顶尖		8		圆柱心轴	
4		外拨顶尖		9		锥度心轴	
5		内拨顶尖		10		螺纹心轴	

（续）

序号	符号	名称	图例	序号	符号	名称	图例
11		弹性心轴		16		圆柱衬套	
		弹簧夹头		17		螺纹衬套	
12		自定心卡盘		18		止口盘	
13		单动卡盘		19		拨杆	
14		中心架		20		垫铁	
15		跟刀架		21		压板	

（续）

序号	符号	名称	图例	序号	符号	名称	图例
22		角铁		25		中心堵	
23		可调支承		26		V形铁	
24		平口钳		27		软爪	

6.2 加工余量表

1. 平面的刮研加工余量表

平面的刮研加工余量见表6-3。

表6-3 平面的刮研加工余量（单面） （单位：mm）

加工面长度	加工面宽度 300mm 以下	加工面宽度 300~1000mm
≤300	0.15	0.20
300~1000	0.20	0.25
>1000~2000	0.25	0.30

2. 圆棒类毛坯加工余量表

1）最大外径无公差要求，表面粗糙度在 $Ra3.2\mu m$ 以下的圆棒类工件，例如，不磨外圆的凹模、带台肩的凸模、凹模、凸凹模以及推杆、推销、限制器、托杆、螺钉、螺栓、螺塞、螺母外径必须滚花者，其毛坯加工余量见表6-4。

表 6-4 $Ra3.2\mu m$ 以下圆棒类毛坯加工余量　　　　　　　　　　（单位：mm）

工件直径 D	工件长度 L					车刀厚度余量和车削两端面的余量（每件）
	<70	71~120	121~200	201~300	301~450	
	直径上加工余量					
≤32	1	2	2	3	4	5~10
33~60	2	3	3	4	5	4~6
61~100	3	4	4	4	5	4~6
101~200	4	5	5	5	6	4~6

注：当 D<36mm 时，不适合调头夹加工，在加工单个工件时，应在 L 上加夹头量 10~15mm。

2）最大外径有公差配合要求，表面粗糙度在 $Ra1.6\mu m$ 以上的圆棒类工件，例如，外圆须磨削加工的凹模，挡料销、肩台需磨加工的凸模或凸凹模等，其毛坯加工余量见表 6-5。

表 6-5 $Ra1.6\mu m$ 以上圆棒类毛坯加工余量　　　　　　　　　　（单位：mm）

工件直径 D	工件长度 L					车刀的切断和车削两端面的余量（每件）
	<50	51~80	81~150	151~250	251~420	
	直径上加工余量					
≤15	3	3	4	4	5	5~10
16~32	3	4	4	5	6	5~10
33~60	4	4	5	6	6	5~8
61~100	5	5	5	6	7	5~8
101~200	6	6	6	7	7	5~8

注：当 D<36mm 时，不适合调头加工，在加工单个零件时，应在 L 上加夹头量 10~15mm。

3. 圆形锻件类毛坯加工余量表

不淬火钢、表面粗糙度在 $Ra3.2\mu m$ 以下无公差配合要求的，圆形锻件类（不需锻件图）工件，如固定板、退料板等，其毛坯加工余量见表 6-6。

表 6-6 $Ra3.2\mu m$ 以下圆形锻件类毛坯加工余量　　　　　　　　（单位：mm）

工件直径 D	工件长度 L				
	<10	11~20	21~45	46~100	101~250
	直径上加工余量/长度方向上余量				
150~200	5/5	5/5	5/5	5/6	5/7
201~300	5/6	5/6	5/6	5/7	6/8
301~400	5/7	5/7	5/7	6/8	8/9
401~500	7/8	5/8	6/8	7/9	9/10
501~600	7/8	6/8	6/8	7/10	10/11

注：表中的加工余量为最小余量，其最大余量不得超过规定标准。

4. 矩形锻件类毛坯加工余量表

表 6-7 所列为矩形锻件类毛坯加工余量。

表 6-7 矩形锻件类毛坯加工余量　　　　　　　　　　　　（单位：mm）

工件直径 D	工件长度 L					
	≤100	101~250	251~320	321~450	451~600	601~800
	长度上加工余量 2e					
	5	6	6	7	8	10
	工件截面上加工余量（2a = 2b）					
≤10	4	4	5	5	6	6
11~25	4	4	5	5	6	6
26~50	4	5	5	6	7	7
51~100	5	5	6	7	7	7
101~200	5	5	7	7	8	8
201~300	6	7	7	8	8	9
301~450	7	7	8	8	9	9
451~600	8	8	9	9	10	10

注：表内的加工余量为最小余量，其最大余量不得超过规定标准。

5. 平面、端面磨削加工余量表

（1）平面　平面每面磨量见表 6-8。

表 6-8 平面每面磨量　　　　　　　　　　　　（单位：mm）

宽　度	厚　度	工件长度 L			
		<100	101~250	251~400	401~630
<200	<18	0.3	0.4	—	—
	19~30	0.3	0.4	0.45	—
	31~50	0.4	0.4	0.45	0.5
	>50	0.4	0.4	0.45	0.5
>200	<18	0.3	0.4	—	—
	19~30	0.35	0.4	0.45	—
	31~50	0.40	0.4	0.45	0.55
	>50	0.40	0.45	0.45	0.60

（2）端面　端面每面磨量见表 6-9。

表 6-9 端面每面磨量　　　　　　　　　　　　（单位：mm）

直径 D	工件长度 L					
	<18	19~50	51~120	121~260	261~500	>500
<18	0.20	0.30	0.30	0.35	0.35	0.50
19~50	0.30	0.30	0.35	0.35	0.40	0.50
51~120	0.30	0.35	0.35	0.40	0.40	0.55
121~260	0.30	0.35	0.40	0.40	0.45	0.55
261~500	0.35	0.40	0.45	0.45	0.50	0.60
>500	0.40	0.40	0.50	0.50	0.60	0.70

注：本表适用于淬火零件，不淬火零件应适当减少 20%~40%；粗加工的表面粗糙度不应低于 $Ra3.2\mu m$；如需磨两次的零件，其磨量应适当增加 10%~20%。

6. 环形工件磨削加工余量表

环形工件磨削加工余量见表 6-10。

表 6-10　环形工件磨削加工余量　　　　　　　　　　　　（单位：mm）

工件直径	35、45、50 钢		T8、T10A 钢		Cr12MoV 合金钢	
	外圆	内孔	外圆	内孔	外圆	内孔
6~10	0.25~0.50	0.30~0.35	0.35~0.60	0.25~0.30	0.30~0.45	0.20~0.30
11~20	0.30~0.55	0.40~0.45	0.40~0.65	0.35~0.40	0.35~0.50	0.30~0.35
21~30	0.30~0.55	0.50~0.60	0.45~0.70	0.35~0.45	0.40~0.55	0.30~0.40
31~50	0.30~0.55	0.60~0.70	0.55~0.75	0.45~0.60	0.50~0.65	0.40~0.50
51~80	0.35~0.60	0.80~0.90	0.65~0.85	0.50~0.65	0.60~0.70	0.45~0.55
81~120	0.35~0.80	1.00~1.20	0.70~0.90	0.55~0.75	0.65~0.80	0.50~0.65
121~180	0.50~0.90	1.20~1.40	0.75~0.95	0.60~0.80	0.70~0.85	0.55~0.70
181~260	0.60~1.00	1.40~1.60	0.80~1.00	0.65~0.85	0.75~0.90	0.60~0.75

注：φ50mm 以下、壁厚 10mm 以上者，或长度为 100~300mm 者，用上限，长度超过 300mm，上限乘以系数 1.3；
　　φ50~φ100mm、壁厚 20mm 以下者，或长度为 200~500mm 者，用上限，长度超过 500mm，上限乘以系数 1.3；
　　φ100mm 以上者、壁厚 30mm 以下者，或长度为 300~600mm 者，用上限；长度超过 600mm，上限乘以系数 1.3；
　　加工表面粗糙度不低于 $Ra6.4\mu m$，端面留磨量 0.5mm。

7. φ6mm 以下小孔研磨量表

φ6mm 以下小孔研磨量见表 6-11。

表 6-11　φ6mm 以下小孔研磨量

材　料	直径上留研磨量/mm
45 钢	0.05~0.06
T10A	0.015~0.025
Cr12MoV	0.01~0.02

注：本表只适用于淬火件；应按孔的下极限尺寸来留研磨量；淬火前小孔需钻铰加工，表面粗糙度大于 $Ra1.6\mu m$；当长度小于 15mm 时，表内数值应加大 20%~30%。

8. 导柱衬套磨削加工余量表

导柱衬套磨削加工余量见表 6-12。

表 6-12　导柱衬套磨削加工余量　　　　　　　　　　　　（单位：mm）

衬套内径与导柱外径	衬套		导柱外圆
	外圆	内孔	
25~32	0.7~0.8	0.4~0.5	0.5~0.65
40~50	0.8~0.9	0.5~0.65	0.6~0.75
60~80	0.8~0.9	0.6~0.75	0.7~0.90
100~120	0.9~1.0	0.7~0.85	0.9~1.05

9. 镗孔加工余量表

镗孔加工余量见表 6-13。

表 6-13 镗孔加工余量 （单位：mm）

加工孔的直径	材料								精细镗前加工精度为 4 级
	轻合金		巴氏合金		青铜及铸铁		钢件		
	加工性质								
	粗加工	精加工	粗加工	精加工	粗加工	精加工	粗加工	精加工	
	直径余量								
≤30	0.2	0.1	0.3	0.1	0.2	0.1	0.2	0.1	0.045
31～50	0.3	0.1	0.4	0.1	0.3	0.1	0.2	0.1	0.05
51～80	0.4	0.1	0.5	0.1	0.3	0.1	0.2	0.1	0.06
81～120	0.4	0.1	0.5	0.1	0.4	0.1	0.3	0.1	0.07
121～180	0.5	0.1	0.6	0.2	0.4	0.1	0.3	0.1	0.08
181～260	0.5	0.1	0.6	0.2	0.4	0.1	0.3	0.1	0.09
261～360	0.5	0.1	0.6	0.2	0.4	0.1	0.3	0.1	0.1

注：当一次镗削时，加工余量应该是粗加工余量加上精加工余量。

10. 模具常用加工方法的加工余量、加工精度、表面粗糙度

经济加工余量是指本道工序的比较合理、经济的加工余量。本道工序加工余量要视加工公称尺寸、工件材料、热处理状况、前道工序的加工结果等具体情况而定。模具常用加工方法的加工余量、加工精度、表面粗糙度见表 6-14。

表 6-14 模具常用加工方法的加工余量、加工精度、表面粗糙度

制造方法		本道工序经济加工余量（单面）/mm	经济加工精度	表面粗糙度 $Ra/\mu m$
刨削	半精刨	0.8～1.5	IT10～IT12	6.3～12.5
	精刨	0.2～0.5	IT8～IT9	3.2～6.3
铣削	划线铣	1～3	1.6mm	1.6～6.3
	靠模铣	1～3	0.04mm	1.6～6.3
	粗铣	1～2.5	IT10～IT11	3.2～12.5
	精铣	0.5	IT7～IT9	1.6～3.2
	仿形雕刻	1～3	0.1mm	1.6～3.2
车削	靠模车	0.6～1	0.24mm	1.6～3.2
	成形车	0.6～1	0.1mm	1.6～3.2
	粗车	1	IT11～IT12	6.3～12.5
	半精车	0.6	IT8～IT10	1.6～6.3
	精车	0.4	IT6～IT7	0.8～1.6
	精细车、金刚车	0.15	IT5～IT6	0.1～0.8
钻孔		—	IT11～IT14	6.3～12.5
扩孔	粗扩	1～2	IT12	6.3～12.5
	精扩	0.1～0.5	IT9～IT10	1.6～6.3

（续）

制造方法		本道工序经济加工余量（单面）/mm	经济加工精度	表面粗糙度 $Ra/\mu m$
铰孔	粗铰	0.1~0.15	IT9	3.2~6.3
	精铰	0.05~0.1	IT7~IT8	0.8
	细铰	0.02~0.05	IT6~IT7	0.2~0.4
拉孔	无导向拉	—	IT11~IT12	3.2~12.5
	有导向拉	—	IT9~IT11	1.6~3.2
镗削	粗镗	1	IT11~IT12	6.3~12.5
	半精镗	0.5	IT8~IT10	1.6~6.3
	高速镗	0.05~0.1	IT8	0.4~0.8
	精镗	0.1~0.2	IT6~IT7	0.8~1.6
	精细镗、金刚镗	0.05~0.1	IT6	0.2~0.8
磨削	粗磨	0.25~0.5	IT7~IT8	3.2~6.3
	半精磨	0.1~0.2	IT7	0.8~1.6
	精磨	0.05~0.1	IT6~IT7	0.2~0.8
	细磨、超精磨	0.005~0.05	IT5~IT6	0.025~0.1
	仿形磨	0.1~0.3	0.01mm	0.2~0.8
	成形磨	0.1~0.3	0.01mm	0.2~0.8
	坐标镗	0.1~0.3	0.01mm	0.2~0.8
	珩磨	0.005~0.03	IT6	0.05~0.4
	钳工划线	—	0.25~0.5mm	—
	钳工研磨	0.002~0.015	IT5~IT6	0.025~0.05
钳工抛光	粗抛	0.05~0.15	—	0.2~0.8
	精抛、镜面抛	0.005~0.01	—	0.001~0.1
	电火花成形加工	—	0.05~0.1mm	1.25~2.5
	电火花线切割	—	0.005~0.01mm	1.25~2.5
	电解成形加工	—	±0.05~0.2mm	0.8~3.2
	电解抛光	0.1~0.15		0.025~0.8
	电解磨削	0.1~0.15	IT6~IT7	0.025~0.8
	照相腐蚀	0.1~0.4		0.1~0.8
	超声抛光	0.02~0.1	—	0.01~0.1
	磨料流动抛光	0.02~0.1	—	0.01~0.1
	冷挤压	—	IT7~IT8	0.08~0.32

6.3 表面粗糙度的选用

各种加工方法达到的表面粗糙度见表6-15。配合表面粗糙度参数值见表6-16。

表 6-15　各种加工方法达到的表面粗糙度

加工方法		表面粗糙度 $Ra/\mu m$												
		0.012	0.025	0.05	0.1	0.2	0.4	0.8	1.6	3.2	6.3	12.5	25	50	100
砂模铸造												■	■	■	■
壳型铸造											■	■	■		
金属模铸造										■	■	■	■		
离心铸造										■	■	■	■		
精密铸造								■	■	■	■	■			
蜡模铸造								■	■	■	■				
压力铸造							■	■	■	■					
热轧											■	■	■	■	■
模锻									■	■	■	■	■		
冷轧							■	■	■	■	■				
挤压						■	■	■	■	■					
冷拉						■	■	■	■	■					
锉削							■	■	■	■	■	■			
铲刮							■	■	■	■					
刨削	粗									■	■	■	■	■	
	半精							■	■	■	■				
	精					■	■	■	■						
插削								■	■	■	■	■	■		
钻孔									■	■	■	■	■		
扩孔	粗										■	■	■		
	精								■	■	■	■			
金刚镗孔			■	■	■	■	■								
镗孔	粗										■	■	■	■	
	半精							■	■	■	■	■			
	精						■	■	■	■					
铰孔	粗								■	■	■	■			
	半精						■	■	■	■					
	精				■	■	■	■	■						
端面铣	粗									■	■	■	■		
	半精							■	■	■	■				
	精					■	■	■	■	■					
车外圆	粗										■	■	■	■	
	半精							■	■	■	■				
	精					■	■	■	■						

（续）

加工方法		表面粗糙度 $Ra/\mu m$												
		0.012	0.025	0.05	0.1	0.2	0.4	0.8	1.6	3.2	6.3	12.5	25	50	100
金刚车															
车端面	粗														
	半精														
	精														
磨外圆	粗														
	半精														
	精														
磨平面	粗														
	半精														
	精														
研磨	粗														
	半精														
	精														
珩磨	平面														
	圆柱														
抛光	一般														
	精														
滚压抛光															
超精加工	平面														
	柱面														
化学蚀割															
电火花加工															
切割	气割														
	锯														
	车														
	铣														
	磨														
锯加工															
成形加工															
拉削	半精														
	精														
滚铣	粗														
	半精														
	精														

（续）

加工方法		表面粗糙度 Ra/μm												
		0.012	0.025	0.05	0.1	0.2	0.4	0.8	1.6	3.2	6.3	12.5	25	50	100
螺纹加工	丝锥板牙														
	梳洗														
	滚														
	车														
	搓螺纹														
	滚压														
	磨														
	研磨														
齿轮及花键加工	刨														
	滚														
	插														
	磨														
	剃														
电光束加工															
激光加工															
电化学加工															

表 6-16 配合表面粗糙度参数值　　　　　　　　　　（单位：μm）

	公差等级	表面	公称尺寸/mm	
			≤50	50~500
配合表面	IT5	轴	0.2	0.4
		孔	0.4	0.8
	IT6	轴	0.4	0.8
		孔	0.4~0.8	0.8~1.6
	IT7	轴	0.4~0.8	0.8~1.6
		孔	0.8	
	IT8	轴	0.8	
		孔	0.8~1.6	

	公差等级		表面	公称尺寸/mm		
				≤50	50~120	120~500
过盈配合	压入装配	IT5	轴	0.1~0.2	0.4	0.4
			孔	0.2~0.4	0.8	0.8
		IT6~IT7	轴	0.4	0.8	1.6
			孔	0.8	1.6	1.6
		IT8	轴	0.8	0.8~1.6	1.6~3.2
			孔			
	热装	—	轴	1.6		
			孔	1.6~3.2		

常用表面粗糙度 *Ra* 见表 6-17、表 6-18。传动机构表面粗糙度 *Ra* 见表 6-19。

表 6-17　常用表面粗糙度 *Ra*（一）　（单位：μm）

<table>
<tr><td colspan="2" rowspan="4">分组装配的零件表面</td><td rowspan="2">表面</td><td colspan="6">分组公差/μm</td></tr>
<tr><td><2.5</td><td>2.5</td><td colspan="2">5</td><td>10</td><td>20</td></tr>
<tr><td>轴</td><td>0.05</td><td>0.1</td><td colspan="2">0.2</td><td>0.4</td><td>0.8</td></tr>
<tr><td>孔</td><td>0.1</td><td>0.2</td><td colspan="2">0.4</td><td>0.8</td><td>1.6</td></tr>
<tr><td colspan="2" rowspan="4">定心精度高的配合表面</td><td rowspan="2">表面</td><td colspan="6">径向圆跳动公差/μm</td></tr>
<tr><td>2.5</td><td>4</td><td>6</td><td>10</td><td>16</td><td>20</td></tr>
<tr><td>轴</td><td>0.05</td><td>0.1</td><td>0.1</td><td>0.2</td><td>0.4</td><td>0.8</td></tr>
<tr><td>孔</td><td>0.1</td><td>0.2</td><td>0.2</td><td>0.4</td><td>0.8</td><td>1.6</td></tr>
<tr><td colspan="2" rowspan="4">滑动轴承表面</td><td rowspan="2">表面</td><td colspan="4">公差等级</td><td colspan="2" rowspan="2">流体润滑</td></tr>
<tr><td colspan="2">IT6~IT9</td><td colspan="2">IT10~IT12</td></tr>
<tr><td>轴</td><td colspan="2">0.4~0.8</td><td colspan="2">0.8~3.2</td><td colspan="2">0.1~0.4</td></tr>
<tr><td>孔</td><td colspan="2">0.8~1.6</td><td colspan="2">1.6~3.2</td><td colspan="2">0.2~0.8</td></tr>
<tr><td rowspan="6">导轨面</td><td rowspan="2">性质</td><td rowspan="2">速度/(m/s)</td><td colspan="6">平面度公差/(μm/100mm)</td></tr>
<tr><td>≤6</td><td>10</td><td colspan="2">20</td><td>60</td><td>>60</td></tr>
<tr><td rowspan="2">滑动</td><td>≤0.5</td><td>0.2</td><td>0.4</td><td colspan="2">0.8</td><td>1.6</td><td>3.2</td></tr>
<tr><td>>0.5</td><td>0.1</td><td>0.2</td><td colspan="2">0.4</td><td>0.8</td><td>1.6</td></tr>
<tr><td rowspan="2">滚动</td><td>≤0.5</td><td>0.1</td><td>0.2</td><td colspan="2">0.4</td><td>0.8</td><td>1.6</td></tr>
<tr><td>>0.5</td><td>0.05</td><td>0.1</td><td colspan="2">0.2</td><td>0.4</td><td>0.8</td></tr>
<tr><td colspan="3">圆锥结合</td><td colspan="2">密封结合</td><td colspan="2">对中结合</td><td colspan="2">其他</td></tr>
<tr><td colspan="3">工作表面</td><td colspan="2">0.1~0.4</td><td colspan="2">0.4~1.6</td><td colspan="2">1.6~6.3</td></tr>
<tr><td rowspan="5">键结合</td><td></td><td></td><td colspan="2">键</td><td colspan="2">轴上键槽</td><td colspan="2">毂上键槽</td></tr>
<tr><td rowspan="2">不动结合</td><td>工作面</td><td colspan="2">3.2</td><td colspan="2">1.6~3.2</td><td colspan="2">1.6~3.2</td></tr>
<tr><td>非工作面</td><td colspan="2">6.3~12.5</td><td colspan="2">6.3~12.5</td><td colspan="2">6.3~12.5</td></tr>
<tr><td rowspan="2">用导向键</td><td>工作面</td><td colspan="2">1.6~3.2</td><td colspan="2">1.6~3.2</td><td colspan="2">1.6~3.2</td></tr>
<tr><td>非工作面</td><td colspan="2">6.3~12.5</td><td colspan="2">6.3~12.5</td><td colspan="2">6.3~12.5</td></tr>
</table>

表 6-18　常用表面粗糙度 *Ra*（二）　（单位：μm）

<table>
<tr><td rowspan="4">渐开线花键结合</td><td rowspan="2"></td><td rowspan="2">孔槽</td><td rowspan="2">轴齿</td><td colspan="2">定心面</td><td colspan="2">非定心面</td></tr>
<tr><td>孔</td><td>轴</td><td>孔</td><td>轴</td></tr>
<tr><td>不动结合</td><td>1.6~3.2</td><td>1.6~3.2</td><td>0.8~1.6</td><td>0.4~0.8</td><td>3.2~6.3</td><td>1.6~6.3</td></tr>
<tr><td>动结合</td><td>0.8~1.6</td><td>0.4~0.8</td><td>0.8~1.6</td><td>0.4~0.8</td><td>3.2</td><td>1.6~6.3</td></tr>
<tr><td rowspan="6">螺纹结合</td><td colspan="3" rowspan="2"></td><td colspan="4">公 差 等 级</td></tr>
<tr><td>IT4、IT5</td><td>IT6、IT7</td><td colspan="2">IT8、IT9</td></tr>
<tr><td colspan="3">紧固螺纹</td><td>1.6</td><td>3.2</td><td colspan="2">3.2~6.3</td></tr>
<tr><td colspan="3">在轴上、杆上和套上螺纹</td><td>0.8~1.6</td><td>1.6</td><td colspan="2">3.2</td></tr>
<tr><td colspan="3">丝杠和起重螺纹</td><td>—</td><td>0.4</td><td colspan="2">0.8</td></tr>
<tr><td colspan="3">丝杠螺母和起重螺母</td><td>—</td><td>0.8</td><td colspan="2">1.6</td></tr>
</table>

(续)

齿轮、链轮和蜗轮的非工作端面			3.2~12.5
孔和轴的非工作表面			6.3~12.5
倒角、倒圆、退刀槽等			3.2~12.5
螺栓、螺钉等用的通孔			25
精制螺栓和螺母			3.2~12.5
半精制螺栓和螺母			25
螺钉头表面			3.2~12.5
压簧支承表面			12.5~25
准备焊接的倒棱			50~100
床身、箱体上的槽和凸起			12.5~25
在水泥、砖或木质基础上的表面			100 或更大
对疲劳强度有影响的非结合表面			0.2~0.4(抛光)
影响蒸汽和气流的表面	特别精密		0.2(抛光)
	一般		0.8~1.6
影响零件平衡的表面	直径	≤180mm	1.6~3.2
		180~500mm	6.3
		>500mm	12.5~25

表6-19 传动机构表面粗糙度 Ra （单位：μm）

传动机构		公差等级							
		IT3	IT4	IT5	IT6	IT7	IT8	IT9	IT10	IT11
齿轮传动	直齿、斜齿、人字齿轮、蜗轮（圆柱）	0.1~0.2	0.2~0.4	0.2~0.4	0.4~0.8	0.4~0.8	1.6	3.2	6.3	6.3
	锥齿轮		0.2~0.4	0.4~0.8	0.4~0.8	0.8~1.6	1.6~3.2	3.2~6.3	6.3
	蜗杆牙型面	0.1	0.2	0.2	0.4	0.4~0.8	0.8~1.6	1.6~3.2		
	齿根圆	和工作面同或接近的更粗的优先数								
	齿顶圆	3.2~12.5								
链轮传动	工作表面	应用精度								
		普通的				提高的				
		3.2~6.3				1.6~3.2				
	齿根圆	6.3				3.2				
	齿顶圆	3.2~12.5				3.2~12.5				
	分度机构表面如分度板、插销	定位精度/μm								
		≤4	6	10	25	63	>63			
		0.1	0.2	0.4	0.8	1.6	3			

6.4 中 心 孔

中心孔的型号如图6-1所示。中心孔的型号及参数见表6-20。

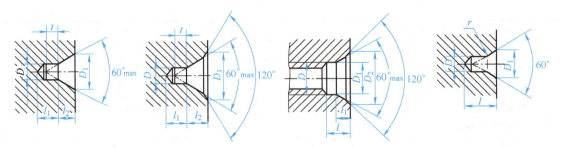

A型 不带护锥中心孔　　B型 带护锥中心孔　　C型 带螺纹中心孔　　R型 弧形中心孔

图 6-1　中心孔的型号

表 6-20　中心孔的型号及参数　　　　　　　　　　　　（单位：mm）

D			D_1			l_2(参考)		t(参考)		l_{min}	r_{max}	r_{min}	D	D_1	D_2	l	l_1(参考)	选择中心孔的参考依据		
A型	B型	R型	A型	B型	R型	A型	B型	A型	B型	R型			C型					原料端部最小直径 D_0	轴状原料最大直径 D_c	工件最大质量/t
(0.50)			1.06			0.48		0.5												
(0.63)			1.32			0.6		0.6												
(0.80)			1.70			0.78		0.7												
1.00			2.12	3.15	2.12	0.97	1.27	0.9	0.9	2.3	3.15	2.50								
(1.25)			2.65	4.00	2.65	1.21	1.60	1.1	1.1	2.8	4.00	3.15								
1.60			3.35	5.00	3.35	1.52	1.99	1.4	1.4	3.5	5.00	4.00								
2.00			4.25	6.30	4.25	1.95	2.54	1.8	1.8	4.4	6.30	5.00						8	>10~18	0.12
2.50			5.30	8.00	5.3	2.42	3.20	2.2	2.2	5.5	8.00	6.30						10	>18~30	0.2
3.15			6.70	10.00	6.7	3.07	4.03	2.8	2.8	7.0	10.00	8.00	M3	3.2	5.8	2.6	1.8	12	>30~50	0.5
4.00			8.50	12.50	8.5	3.9	5.05	3.5	3.5	8.9	12.50	10.00	M4	4.3	7.4	3.20	2.1	15	>50~80	0.8
(5.00)			10.60	16.00	10.6	4.85	6.41	4.4	4.4	11.2	16.00	12.50	M5	5.3	8.8	4.0	2.4	20	>80~120	1.0
6.30			13.20	18.00	13.2	5.98	7.36	5.5	5.5	14.0	20.00	16.00	M6	6.4	10.5	5.0	2.8	25	>120~180	1.5
(8.00)			17.00	22.40	17.0	7.7	9.36	7.0	7.0	17.9	25.00	20.00	M8	8.4	13.2	6.0	3.3	30	>180~220	2.0
10.00			21.20	28.00	21.2	9.7	11.66	8.7	8.7	22.5	31.50	25.00	M10	10.5	16.3	7.5	3.8	35	>180~220	2.5
													M12	13.0	19.8	9.5	4.4	42	>220~260	3.0
													M16	17.0	25.3	12.0	5.2	50	>260~300	5.0
													M20	21.0	31.3	15.0	6.4	60	>300~360	7.0
													M24	26.0	38.0	18.0	8.0	70	>360	10.0

注：1. 对于质量大的轴，须选定中心孔尺寸和表面粗糙度，并在零件图上画出。
　　2. 中心孔的表面粗糙度按其用途由设计者选定。
　　3. C型孔的 l_1 根据固定螺钉尺寸决定，但不得小于表中 l_1 的数值。
　　4. 不要求保留中心孔的零件采用 A 型，要求保留中心孔的零件采用 B 型，将零件固定在轴上的中心孔采用 C 型。
　　5. 括号内尺寸尽量不采用。

6.5 切削加工工艺常识

6.5.1 切削加工准备工作

1. 切削加工前的准备

1）操作者接到加工任务后，首先要检查加工所需的产品图样、工艺规程和有关技术资料是否齐全。

2）要看懂、看清工艺规程，产品图样及其技术要求，有疑问之处应找有关技术人员问清后再进行加工。

3）按产品图样或（和）工艺规程复核工件毛坯或半成品是否符合要求，发现问题应及时向有关人员反映，待问题解决后才能进行加工。

4）按工艺规程要求准备好加工所需的全部工艺装备，发现问题及时处理。对新夹具、模具等，要先熟悉其使用要求和操作方法。

5）加工所使用的工艺装备应放在规定的位置，不得乱放，更不能放在机床导轨上。

6）工艺装备不得随意拆卸和更改。

7）检查加工所用的机床设备，准备好所需的各种附件，加工前机床要按规定进行润滑和空运转。

2. 刀具与工件的装夹

1）刀具的装夹。在装夹各种刀具前，一定要把刀柄、刀杆、导套等擦拭干净。刀具装夹后，应用对刀装置或通过试切等检查其正确性。

2）工件的装夹。在机床工作台上安装夹具时，首先要擦净其定位基面，并要找正其与刀具的相对位置。

工件装夹前应将其定位面、夹紧面、垫铁和夹具的定位面、夹紧面擦拭干净，并不得有飞边。

3）按工艺规程中规定的定位基准装夹，若工艺规程中未规定装夹方式，操作者可自行选择定位基准和装夹方法。应按以下原则选择定位基准：

① 尽可能使定位基准与设计基准重合。

② 尽可能使各加工面采用同一定位基准。

③ 粗加工定位基准应尽量选择不加工或加工余量比较小的平整表面，而且只能使用一次。

④ 精加工工序定位基准应是已加工表面。

⑤ 选择的定位基准必须使工件定位夹紧方便，加工时稳定可靠。

4）对无专用夹具的工件，装夹时应按以下原则进行找正：

① 对划线工件应按划线进行找正。

② 对不划线工件，在本工序后尚需继续加工的表面，找正精度应保证下工序有足够的加工余量。

③ 对在本工序加工到成品尺寸的表面，其找正精度应小于尺寸公差和位置公差的三分之一；采用相互找正，如 C 对 A，A 对 C 相互找正。

④ 对在本工序加工到成品尺寸的未注尺寸公差和位置公差的表面，其找正精度应保证 JB/T 8828—2001 中对未注尺寸公差和位置公差的要求。

5）装夹组合件时应注意检查结合面的定位情况。

6）夹紧工件时，夹紧力的作用点应通过支承点或支承面。对刚性较差的（或加工时有悬空部分的）工件，应在适当的位置增加辅助支承，以增强其刚性。

7）夹持精加工面和软材质工件时，应垫软垫，如纯铜皮等。

8）用压板压紧工件时，压板支承点应略高于被压工件表面，并且压紧螺栓应尽量靠近工件，以保证压紧力。

3. 切削加工一般要求

1）为了保证加工质量和提高生产率，应根据工件材料、精度要求和机床、刀具、夹具等情况，合理选择切削用量。加工铸件时，为了避免表面夹砂、硬化层等损坏刀具，在许可的条件下，背吃刀量应大于夹砂或硬化层深度。

2）对有公差要求的尺寸，在加工时应尽量按其中间公差加工。

3）工艺规程中未规定表面粗糙度要求的粗加工工序，加工后的表面粗糙度应不大于 $Ra25\mu m$。

4）铰孔前的表面粗糙度应不大于 $Ra12.5\mu m$。

5）精磨前的表面粗糙度应不大于 $Ra6.3\mu m$。

6）粗加工时的倒角、倒圆、槽深等都应按精加工余量加大或加深，以保证精加工后达到设计要求。

7）图样和工艺规程中未规定的倒角、倒圆尺寸和公差要求应符合 JB/T 8828—2001 中的规定。

8）凡下工序需进行表面淬火、超声波探伤或滚压加工的工件表面，在本工序加工的表面粗糙度不得大于 $Ra6.3\mu m$。

9）在本工序后无去飞边工序时，本工序加工产生的飞边应在本工序去除。铣削、刨削、钻削，有时加上车削，一般最后要去飞边；对车、铣台阶轴等加工不全的要清根（如常用面铣刀铣削自然角75°，而非90°），安排铣削或刨削清根工步。

10）后续有热处理工序的，加工时要避免尖角，安排倒角、倒圆、倒钝工步，以防应力集中。热处理后一般应修研中心孔，加润滑油。

11）在大件的加工过程中应经常检查工件是否松动，以防因松动而影响加工质量或发生意外事故。

12）当粗、精加工在同一台机床上进行时，粗加工后一般应松开工件，待其冷却后重新装夹。

13）在切削过程中，若机床-刀具-工件系统发出不正常的声音或加工表面粗糙度值突然升高，应立即退刀停机检查。

14）在批量生产中必须进行首件检查，合格后方能继续加工。

15）在加工过程中，操作者必须对工件进行自检。

16）检查时应正确使用测量器具。使用量规、千分尺等必须轻轻用力推入或旋入，不得用力过猛；使用卡尺、千分尺、指示表等时事先应调好零位。

4. 加工后的处理

1) 工件在各工序加工后应做到无屑、无水、无脏物，并在规定的工位器具上摆放整齐，以免磕、碰、划伤等。
2) 暂不进行下道工序加工的或精加工后的表面应进行防锈处理。
3) 用磁力夹具吸住进行加工的工件，加工后应进行退磁。
4) 凡相关零件成组配加工的，加工后需做标记（或编号）。
5) 各工序加工完的工件，经专职检查员检查合格后方能转往下道工序。
6) 工艺装备用完后要擦拭干净（涂好防锈油），放到规定的位置或交还工具库。
7) 产品图样、工艺规程和所使用的其他技术文件，要注意保持整洁，严禁涂改。

6.5.2 车削加工要求

1. 车刀的装夹

1) 车刀刀杆伸出刀架不宜太长，一般长度不应超过刀杆高度的 1.5 倍（车孔、槽等除外）。
2) 车刀刀杆轴线应与进给方向垂直或平行。
3) 刀尖高度的调整。

在下列情况下，刀尖一般应与工件轴线等高：
① 车端面。
② 车圆锥面。
③ 车螺纹。
④ 成形车削。
⑤ 切断实心工件。

在下列情况下，刀尖一般应比工件轴线稍高或等高：
① 粗车一般外圆。
② 精车孔。

在下列情况下，刀尖一般应比工件轴线稍低：
① 粗车孔。
② 切断空心工件。

4) 螺纹车刀刀尖角的平分线应与工件轴线垂直。
5) 装夹车刀时，刀杆下面的垫片要少而平，压紧车刀的螺钉要拧紧。

2. 工件的装夹

1) 车削加工，毛坯及工序尺寸要考虑自定心卡量（一般大于 15mm），卡量若不够，可自车垫片。若工件直径小于或等于 30mm，其悬伸长度应不大于直径的 5 倍；若工件直径大于 30mm，其悬伸长度应不大于直径的 3 倍，否则需要考虑使用顶尖、中心架等。
2) 用单动卡盘、花盘、角铁（弯板）等装夹不规则偏重工件时，必须加配重。
3) 在顶尖间加工轴类工件时，车削前要调整尾座顶尖中心与车床主轴轴线重合。
4) 在两顶尖间加工细长轴时，应使用跟刀架或中心架。在加工过程中要注意调整顶尖的顶紧力，固定顶尖和中心架应注意润滑。
5) 使用尾座时，套筒尽量伸出短些，以减小振动。

6）在立式车床上装夹支承面小、高度高的工件时，应使用加高的卡爪，并在适当的部位加拉杆或压板压紧工件。

7）车削轮类、套类铸锻件时，应按不加工的表面找正，以保证加工后工件壁厚均匀。

3. 车削加工

1）车削台阶轴时，为了保证车削时的刚性，一般应先车直径较大的部分，后车直径较小的部分。

2）在轴类工件上切槽时，应在精车之前进行，以防止工件变形。

3）切断（车床切断直径不大于 $\phi 40mm$）时，若总长不是自由尺寸公差，一般要求留切断量，调头车端面。

4）一般先车倒角后车螺纹，以免挤了螺纹。精车带螺纹的轴时，一般应在螺纹加工之后再精车无螺纹部分。

5）薄壁筒套类零件，容易变形，装夹时需要心轴加固。

6）粗精车同一机床的，为防止热变形影响，粗车后松卡一次。

7）钻孔前应将工件端面车平，必要时应先钻中心孔。

8）钻深孔时，一般先钻导向孔。

9）车削 $\phi 10 \sim \phi 20mm$ 的孔时，刀杆的直径应为被加工孔径的 60%～70%；加工直径大于 $\phi 20mm$ 的孔时，一般应采用装夹刀头的刀杆。

10）车削多线螺纹或多头蜗杆时，调整好交换齿轮后要进行试切。

11）使用自动车床时，要按机床调整卡片进行刀具与工件相对位置的调整，调好后要进行试车削，首件合格后方可加工；加工过程中要随时注意刀具的磨损及工件尺寸与表面粗糙度。

12）在立式车床上车削时，当刀架调整好后不得随意移动横梁。

13）当工件的有关表面有位置公差要求时，尽量在一次装夹中完成车削。

14）车削圆柱齿轮齿坯时，孔与基准端面必须在一次装夹中加工。必要时应在该端面的齿轮分度圆附近车出记号线。

6.5.3 铣削加工

1. 铣刀的选择及装夹

（1）铣刀直径及齿数的选择　铣刀直径应根据铣削宽度、深度选择，一般铣削宽度和深度尺寸越大，铣刀直径也应越大。

铣刀齿数应根据工件材料和加工要求选择，一般铣削塑性材料或粗加工时，选用粗齿铣刀；铣削脆性材料或半精加工、精加工时，选用中、细齿铣刀。

（2）铣刀的装夹

1）在卧式铣床上装夹铣刀时，在不影响加工的情况下尽量使铣刀靠近主轴，支架靠近铣刀。若需铣刀离主轴较远时，应在主轴与铣刀间装一个辅助支架。

2）在立式铣床上装夹铣刀时，在不影响铣削的情况下尽量选用短刀杆。

3）铣刀装夹好后，必要时应用百分表检查铣刀的径向圆跳动和轴向圆跳动。

4）若同时用两把圆柱形铣刀铣宽平面时，应选螺旋方向相反的两把铣刀。

2. 工件的装夹

（1）在平口钳上装夹　要保证平口钳在工作台上的正确位置，必要时应用百分表找正固定钳口面，使其与机床工作台运动方向平行或垂直。

工件下面要垫放适当厚度的平行垫铁，夹紧时应使工件紧密地靠在平行垫铁上。

工件高出钳口或伸出钳口两端不能太多，以防铣削时产生振动。

（2）使用分度头的要求　在分度头上装夹工件时，应先锁紧分度头主轴。在紧固工件时，禁止用管子套在手柄上施力。

调整好分度头主轴仰角后，应将基座上部四个螺钉拧紧，以免零件移动。

在分度头两顶尖间装夹轴类工件时，应使前后顶尖的轴线重合。

用分度头分度时，分度手柄应朝一个方向摇动，如果摇过位置，需反摇多于超过的距离再摇回到正确位置，以消除间隙。

分度时，手柄上的定位销应慢慢插入分度盘的孔内，切勿突然撒手，以免损坏分度盘。

3. 铣削加工

1）铣削前把机床调整好后，应将不用的运动方向锁紧。

2）机动快速趋进时，靠近工件前应改为正常进给速度，以防刀具与工件撞击。

3）铣螺旋槽时，应按计算选用的交换齿轮先进行试切，检查导程与螺旋方向是否正确，合格后才能进行加工。

4）用成形铣刀铣削时，为提高刀具寿命，铣削用量一般应比圆柱形铣刀小 25% 左右。

5）用仿形法铣成形面时，滚子与靠模要保持良好接触，但压力不要过大，使滚子能灵活转动。

6）切断时，铣刀应尽量靠近夹具，以增加切断时的稳定性。

7）顺铣与逆铣的选用。在下列情况下，建议采用逆铣：

① 铣床工作台丝杠与螺母的间隙较大又不便调整时。

② 工件表面有硬质层、积渣或硬度不均匀时。

③ 工件表面凹凸不平较显著时。

④ 工件材料过硬时。

⑤ 阶梯铣削时。

⑥ 背吃刀量较大时。

在下列情况下，建议采用顺铣：

① 铣削不易夹牢或薄而长的工件时。

② 精铣时。

③ 切断胶木、塑料、有机玻璃等材料时。

8）铣削、刨削、钻削，有时加上车削，一般最后要去飞边；对车、铣台阶轴等加工不全的要清根（工步）——用铣削或刨削清根。

6.5.4 刨削、插削加工

1. 工件的装夹

1）在平口钳上装夹。首先要保证平口钳在工作台上的正确位置，必要时应用百分表进行找正。工件下面垫适当厚度的平行垫铁，夹紧工件时应使工件紧密地靠在垫铁上。工件高出钳口或伸出钳口两端不应太多,以保证夹紧可靠。

2) 多件划线毛坯同时加工时,必须按各件的加工线找正到同一平面上。

3) 在龙门刨床上加工重而窄的工件,需偏于一侧加工时,应尽量两件同时加工或加配重。

4) 在刨床工作台上装夹较高的工件时应加辅助支承,以使装夹牢靠。

5) 工件装夹以后,应先用点动开车,检查各部位是否碰撞,然后校准行程长度。

2. 刀具的装夹

1) 装夹刨刀时,刀具伸出的长度应尽量短,并注意刀具与工件的凸出部分不要相碰。

2) 插刀杆应与工作台面垂直。

3) 装夹插槽刀和成形插刀时,其主切削刃中线应与圆工作台中心平面线重合。

4) 装夹平头插刀时,其主切削刃应与横向进给方向平行,以保证槽底与侧面的垂直度。

3. 刨削、插削加工

1) 刨削薄板类工件时,根据余量情况,多次翻面装夹加工,以减少工件的变形。

2) 刨、插削有空刀槽的面时,应降低切削速度,并严格控制刀具行程。

3) 在精刨时发现工件表面有波纹和不正常声音,应停机检查。

4) 在龙门刨床上应尽量采用多刀刨削。

6.5.5 钻削加工

1. 钻孔

1) 按划线钻孔时,应先试钻,确定中心后再开始钻孔。

2) 在斜面或高低不平的面上钻孔时,应先修出一个小平面后再钻孔。

3) 钻不通孔时,事先要按钻孔的深度调整好定位块。

4) 钻深孔时,为了防止因切屑阻塞而扭断钻头,应采用较小的进给量,并应经常排屑;用加长钻头钻深孔时,应先用标准钻头钻到一定深度后再用加长钻头。

5) 螺纹底孔钻完后必须倒角。

2. 锪孔

1) 用麻花钻改制锪钻时,应选短钻头,并应适当减小后角和前角。

2) 锪孔时的切削速度一般应为钻孔切削速度的 1/3~1/2。

3. 铰孔

1) 钻孔后需铰孔时,应留合理的铰削余量。

2) 在钻床上铰孔时,要适当选择切削速度和进给量。

3) 铰孔时,铰刀不许倒转。

4) 铰孔完成后,必须先把铰刀退出,再停机。

4. 麻花钻的刃磨

1) 麻花钻主切削刃外缘处的后角一般为 8°~12°。钻硬质材料时,为保证刀具强度,后角可适当小些;钻软质材料(黄铜除外)时,后角可稍大些。

2) 磨顶角时,一般磨成 118°,顶角必须与钻头轴线对称,两切削刃要长度一致。

6.5.6 拉削

1. 拉削前的准备

1）拉削前应做好机床的试运转，调整好拉床的油压和拉削速度。

2）拉刀在使用前必须将防锈油洗净，并检查外径尺寸和刀齿是否有碰伤，发现问题及时处理。

3）拉孔前应将拉床的托刀架调整到与工件孔同轴的位置。

2. 拉削加工

1）拉削中要经常注意拉床压力表指针的变化情况，若发现表针直线上升，应立即停机检查。

2）对拉削长度小于拉刀两个齿距的工件，可用夹具把几个相同工件紧固在一起拉削。拉削时，拉刀同时工作的齿数不得少于 3 个，以保持拉削的稳定性。

3）拉削内表面时，拉刀前导向部分应全部穿入工件孔内。

4）拉削时，其拉削长度不得超过拉刀所规定的长度范围。

5）对于长而重的拉刀，从拉削开始到行程一半以上都应用有顶尖的中心架支承，以减小拉刀的摆尾现象。

6）在拉削较大钢件的孔时，切削液不仅喷注在刀齿上，而且在工件的外表面也要有足够的切削液。

7）拉削完一个工件后，应用铜丝刷顺着刀齿齿槽将附在刀上的切屑刷掉，严禁用钢丝刷，不能用棉纱。

8）拉削普通结构钢、铸铁及非铁金属工件时，一般粗拉削速度应为 3~7m/min，精拉削速度应小于 3m/min。

9）拉刀用完后应垂直悬挂，严防与其他金属物相碰。

6.5.7 磨削

1. 工件的装夹

1）轴类工件装夹前应检查中心孔，不得有椭圆、棱圆、碰伤、飞边等缺陷，并把中心孔擦净。经过热处理的工件，须修好中心孔，精磨的工件应研磨好中心孔，并加好润滑油。

2）在两顶尖间装夹轴类工件时，装夹前要调整尾座，使两顶尖轴线重合。

3）在内、外圆磨床上磨削易变形的薄壁工件时，夹紧力要适当，在精磨时应适当放松夹紧力。

4）在内、外圆磨床上磨削偏重工件，装夹时应加好配重，保证磨削时的平衡。

5）在外圆磨床上用尾座顶尖顶紧工件磨削时，其顶紧力应适当，磨削时还应根据工件的胀缩情况调整顶紧力。

6）在外圆磨床上磨削细长轴时，应使用中心架并应调整好中心架与床头架、尾座的同轴度。

7）在平面磨床上用磁盘吸住磨削支承面较小或较高的工件时，应在适当位置增加挡铁，以防磨削时工件飞出或倾倒。

2. 砂轮的选用和安装

1) 根据工件的材料、硬度、精度和表面粗糙度的要求，合理选用砂轮牌号。

2) 安装砂轮时，不得使用两个尺寸不同或不平的法兰盘，并应在法兰盘与砂轮之间放入橡皮、牛皮等弹性垫。

3) 装夹砂轮时，必须在修砂轮前后进行静平衡，并在砂轮装好后进行空运转试验。

4) 修砂轮时，应不间断地充分使用切削液，以免金刚钻因骤冷、骤热而碎裂。

3. 磨削加工

1) 磨削工件时，应先开动机床，根据室温的不同，空转的时间一般不少于 5min，然后进行磨削加工。

2) 在磨削过程中不得中途停机，要停机时，必须先停止进给退出砂轮。

3) 砂轮使用一段时间后，如发现工件产生多棱形振痕，应拆下砂轮重新校平衡后再使用。

4) 在磨削细长轴时，不应使用切入法磨削。

5) 在平面磨床上磨削薄片工件时，应多次翻面磨削，以防变形。

6) 由干磨转湿磨或由湿磨转干磨时，砂轮应空转 2min 左右，以散热和除去水分。

7) 在无心磨床上磨削工件时，应调整好砂轮与导轮夹角及支板的高度，试磨合格后方可磨削工件。

8) 在立轴平面磨床上及导轨磨床上采用端面磨削精磨平面时，砂轮轴必须调整到与工作台垂直或与导轨移动方向垂直。

9) 磨深孔时，磨杆刚性要好，砂轮转速要适当降低。

10) 磨锥面时，要先调好工作台的转角；在磨削过程中要经常用锥度量规检查。

11) 在精磨结束前，应无进给量的多次进给至无火花为止。

6.5.8 齿轮加工

1. 一般要求

1) 齿坯装夹前应检查其编号和实际尺寸是否与工艺规程要求相符合。

2) 装夹齿坯时应注意查看其基面标记，不得将定位基面装错。

3) 计算齿轮加工机床滚比交换齿轮时，一定要计算到小数点后有效数字第五位。

2. 滚齿工艺守则

滚齿加工如图 6-2 所示。

1) 适用于用滚切法加工 GB/T 10095.1—2022 中规定的 7、8、9 级精度渐开线圆柱齿轮。

图 6-2 滚齿加工

2) 滚齿前的准备。加工斜齿或人字齿轮时，必须验算差动交换齿轮的误差，一般差动交换齿轮应计算到小数点后有效数字第五

位。差动交换齿轮误差应按式（6-1）计算，即

$$\delta \leq \frac{KC}{mNB} \tag{6-1}$$

式中，δ 是差动交换齿轮误差；m 是齿轮模数；N 是滚刀头数；B 是齿轮齿宽；K 是齿轮精度系数，7级精度齿轮取为 0.001，8级精度齿轮取为 0.002，9级精度齿轮取为 0.003；C 是滚齿机差动定数。

加工有偏重的齿轮时，应在相对应处安置适当的配重。

3) 齿坯的装夹。在滚齿机上安装滚齿夹具时，应按表6-21的要求调整。

在滚齿机上装夹齿坯时，应将有标记的基面朝下，使其与支承面贴合，不得垫纸或铜皮等物。

压紧前用指示表检查齿坯外圆径向圆跳动和基准轴向圆跳动，其跳动公差不得大于表6-22所规定数值。

压紧后需再次检查，以防压紧时产生变形。

表 6-21 滚齿夹具调整 （单位：mm）

齿轮精度等级	检查部位			
	A	B	C	D
	允许圆跳动公差			
7	0.015	0.010	0.005	
8	0.020	0.012	0.008	0.015
9	0.025	0.015	0.010	

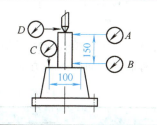

表 6-22 跳动公差调整 （单位：mm）

齿轮精度等级	齿轮分度圆直径					
	≤125	>125~400	>400~800	>800~1600	>1600~2500	>2500~4000
	齿坯外圆径向圆跳动和基准轴向圆跳动公差					
7	0.018	0.022	0.032	0.045	0.063	0.100
8						
9	0.028	0.036	0.050	0.071	0.100	0.160

注：当三个公差组的精度等级不同时，按最高的精度等级确定公差值。当以顶圆为基准时，表中的数值就指顶圆的径向圆跳动。

在滚齿机上装夹齿轮轴时，应用指示表检查其两基准轴颈（或一个基准轴颈及顶圆）的径向圆跳动，其跳动公差应按式（6-2）计算，即

$$t \leq \frac{L}{B} K \tag{6-2}$$

式中，t 是跳动公差（mm）；L 是两测量点间的距离（mm）；B 是齿轮轴的齿宽（mm）；K 是精度系数，对7级和8级精度齿轮轴取 0.008~0.01，对9级精度齿轮轴取 0.011~0.013。

在滚齿机上装夹齿轮轴时，应用千分表在90°方向内检查齿顶圆母线与刀架垂直移动的平行度，在100mm长度内不得大于0.01mm。

齿坯装夹压紧时，压紧力应通过支承面，不得压在悬空处，压紧力应适当。

4）刀杆与滚刀的装夹。粗、精加工的刀杆、刀垫必须严格分开，精加工用刀垫的两端面平行度不得大于 0.005mm。

刀杆及滚刀装夹前，刀架主轴孔及所有垫圈、刀杆、支承轴套、滚刀内孔端面都必须擦净。

滚刀应轻轻推入刀杆中，严禁敲打。

刀杆装夹后，悬臂检查刀杆径向圆和轴向圆跳动，其跳动公差不得大于表 6-23 中的规定。

表 6-23　刀杆装夹跳动公差悬臂检查　　（单位：mm）

齿轮精度等级	圆跳动公差		
	A	B	C
7	0.005	0.008	0.005
8	0.008	0.010	0.008
9	0.010	0.015	0.010

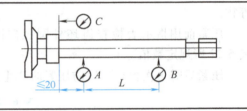

注：精度等级按第Ⅱ公差组要求。表中 B 点跳动是指 L≤100mm 时的数值，L 每增加 100mm，B 点跳动允许增加 0.01mm。

滚刀安装后必须检查滚刀轴台径向圆跳动，其跳动公差不得大于表 6-24 中的规定，并且要求两轴台径向圆跳动方向一致。

表 6-24　滚刀轴台径向圆跳动公差（精度等级按第Ⅱ公差组要求）　（单位：mm）

齿轮模数	齿轮精度等级		
	7	8	9
	跳动公差		
≤10	0.015	0.02	0.04
>10	0.02	0.03	0.05

5）滚刀选择及磨钝标准。

① 滚刀选择：根据被加工齿轮的精度要求，按表 6-25 选择滚刀。

表 6-25　滚刀选择（精度等级按第Ⅱ公差组要求）

齿轮精度等级	滚刀精度等级	
	粗滚齿	精滚齿
7	B 或 C	AA
8		A
9	C	A

② 滚刀磨钝标准：在滚齿时，如发现齿面有光斑、拉毛和表面变粗糙等现象时，必须检查滚刀磨损量，其磨损量不得大于表 6-26 中的规定。

表 6-26　滚刀磨钝标准　　（单位：mm）

滚刀模数		2~8	>8~14	>14~25	>25~30
磨损量	粗滚刀	0.4	0.6	0.8	1.0
	精滚刀	0.2	0.3	0.4	0.5

精滚刀每次刃磨后,均应检查容屑槽齿距累积误差、容屑槽相邻齿距误差、刀齿前面的非径向性、齿面表面粗糙度和刀齿前面与内孔轴线的平行度等,并要有检查合格证方可使用。

6)机床调正。为了保证滚齿机在加工过程中的平稳性,分齿交换齿轮、差动交换齿轮啮合间隙应为0.1~0.15mm。

在大型滚齿机上加工大型齿轮时,必须根据齿坯的实际质量和夹具的质量,调整机床的卸载机构,并检查其可靠性。

根据被加工齿轮的技术参数、精度要求、材质和齿面硬度等情况决定切削用量。用单头滚刀时推荐采用以下加工规范:

① 滚切次数。模数在20以下时,粗滚、精滚各一次。模数在20~30时,粗滚、半精滚、精滚各一次。

② 背吃刀量。采用两次滚切时,粗滚后齿厚须留有0.50~1.00mm的精滚余量。采用三次滚切时,第一次粗滚深度为全齿深的70%~80%,第二次半精滚齿厚须留有1.0~1.5mm的精滚余量。

③ 切削速度。切削速度在15~40m/min范围内选取。

④ 进给量。粗滚进给量在0.5~2.0mm/r范围内选取。精滚进给量在0.6~5mm/r范围内选取。

7)滚齿加工。机床调整后用啃刀花进行试切,检查分齿、螺旋方向是否与设计要求相符。粗、精滚齿应严格分开,有条件时粗、精滚齿应分别在两台滚齿机上进行。在滚切人字齿轮时,左右方向实际齿厚之差不得大于0.10mm。

3. 刨齿工艺守则

刨齿加工如图6-3所示。

图6-3 刨齿加工

1)刨齿适用于用展成法加工7、8、9级精度直齿锥齿轮。

2)刨齿前的准备。按加工方法和齿轮模数、材质、硬度进行速度交换齿轮、进给交换齿轮的选择与调整。

调整分齿交换齿轮和滚比交换齿轮,其啮合间隙应保证在0.1~0.15mm。

根据粗、精刨齿要求准确调整鼓轮的滚柱位置。

分齿交换齿轮调整后,开动机床,以主轴座分度盘刻线验证分齿交换齿轮的正确性。

刀架角和滚比交换齿轮的滚比分别按式（6-3）和式（6-4）计算。

$$\omega = \frac{57.296\left(\dfrac{S}{2}+h_f\tan\alpha\right)}{R} \tag{6-3}$$

$$i = \frac{Z\cos\theta_f}{K_g\sin\delta'} \tag{6-4}$$

式中，ω 是刀架角（°）；S 是分度圆上弧齿厚（mm）；h_f 是齿根高（mm）；R 是外锥距（mm）；α 是齿轮压力角（°）；i 是滚比；θ_f 是齿根角（°）；δ' 是节锥角（°）；Z 是齿轮齿数；K_g 是机床系数。

当刨刀齿形角 α_0 不等于齿轮压力角 α 时，则

$$i = \frac{Z\cos\theta_f}{K_g\sin\delta'}\frac{\cos\alpha_0}{\cos\alpha} \tag{6-5}$$

3）夹具（或心轴）装入主轴锥孔后，应校正其径向圆跳动和轴向圆跳动，其径向圆跳动应不大于齿坯基准面径向圆跳动公差的 1/3，轴向圆跳动应小于 0.005mm。

4）齿坯的装夹应保证轮位、床位的正确性。

5）刨齿刀的装夹应使用本机床的长度和高度对刀规对刀，以保证刨齿刀的正确位置。

6）在精刨相啮合的齿轮副时，应选用同一副刨齿刀，以保证工件齿形角一致。

7）装夹齿坯时，应保证锥顶和机床中心重合，并根据齿坯定位基面至其锥顶的距离调整刨齿刀行程长度，调整时应避免刀具与床鞍相碰。

8）刨齿刀的使用和刃磨。粗刨时，刨齿刀磨损量应不超过 0.2mm。精刨时，刨齿刀磨损量应不超过 0.1mm。刨齿刀刃磨后的前角与前面的倾角应符合刀具标准有关规定。精刨齿刀刃磨后切削刃的直线度应不大于 0.01mm，前面的表面粗糙度应不大于 $Ra1.6\mu m$，并不得有裂纹、烧伤和退火现象。

9）刨锥齿轮副时，应先刨大齿轮，然后配对加工小齿轮，并做配对标记。

4. 插齿

插齿加工如图 6-4 所示。

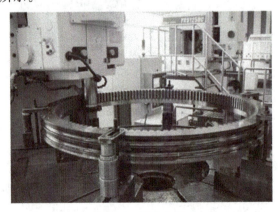

图 6-4　插齿加工

1）适用于用齿轮型插齿刀加工 GB/T 10095.1—2022 中规定的 7、8、9 级精度渐开线圆柱齿轮。

2）插齿前的准备。调整分齿交换齿轮的啮合间隙在 0.1~0.15mm 内。

按加工方法和工件模数、材质、硬度进行切削速度交换齿轮、进给交换齿轮的选择与调整。

3）插齿心轴及齿坯的装夹。心轴装夹后，其径向圆跳动应不大于 0.005mm。

装夹齿坯时应将有标记的基面朝下，使之与支承面贴合，不得垫纸或铜皮等物。压紧前要用千分表检查外圆的径向圆跳动和基准轴向圆跳动，其跳动公差不得大于表 6-22 的规定。

在装夹直径较大或刚性较差易受振动的齿坯时，应加辅助支承。

4）插齿刀的选用与装夹。插齿刀的精度按表 6-27 选择。

表 6-27 插齿刀精度的选择（精度等级按第Ⅱ公差组要求）

齿轮精度等级	插齿刀精度等级
7	AA、A
8	A
9	B

刀垫的两端面平行度公差应不大于 0.005mm，刀杆和螺母的螺纹部分与其端面垂直度公差应不大于 0.01mm。

装夹插齿刀前应用指示表检查装刀部位的径向圆跳动、轴向圆跳动及外径 d 的磨损极限偏差，其值不得超过表 6-28 中的规定。

表 6-28 圆跳动及外径 d 的磨损极限偏差（精度等级按第Ⅱ公差组要求）

（单位：mm）

齿轮精度等级	7	8	9
轴向圆跳动	0.005		0.006
径向圆跳动	0.008		0.009
磨损量	0.01		0.02

5）机床调整。根据齿轮模数、齿数、材质、硬度选择适当的切削速度。一般切削速度可在 8~20 m/min 范围内选取。

调整插齿刀的行程次数，按式（6-6）计算，即

$$n = \frac{1000v_c}{2(B+\Delta)} \tag{6-6}$$

式中，n 是插齿刀每分钟行程次数；v_c 是切削速度（m/min）；B 是被加工齿轮的宽度（mm）；Δ 是插齿刀切入、切出长度之和（mm）。

6）插齿过程中，应随时注意刀具的磨损情况，当刀尖磨损达到 0.15~0.30mm 时，应及时换刀。

5. 弧齿锥齿轮铣齿工艺

弧齿锥齿轮铣齿加工如图 6-5 所示。

（1）齿坯的装夹 按零件图样和工艺规程上规定的安装距，加上夹具上标明的（或实

测的）尺寸，严格控制水平轮位尺寸。

当需要更换工件主轴大锥套时，应将工件主轴内锥孔、端面和锥套外圆、端面擦干净，涂一薄层机油，用手推入配合，锥套和主轴锥孔的端面间应有 0.15~0.20mm 的间隙，拉紧后此间隙应消除。

（2）刀盘的装夹　刀盘装夹时应注意以下几点。

1）检查刀盘主轴。外圆径向圆跳动和轴向圆跳动均应不大于 0.01mm。

图 6-5　弧齿锥齿轮铣齿加工

2）检查心轴装在机床上的跳动。定位内孔或心轴外圆的径向圆跳动和定位轴向圆跳动均应不大于 0.01mm。

3）刀盘内孔和后端面及机床刀具主轴必须擦干净，精铣刀装上刀盘后，应用指示表校验调整刀尖。

4）在同一水平面上，误差应不大于 0.02mm；调整同名刀头的径向圆跳动应不大于 0.005mm。

5）加工中需更换刀头时，必须检查合格后才能使用。

（3）机床调整　按照机床调整卡片上规定的加工方法和各项参数调整机床的刀位、轮位、床位、摇台角、安装角、刀倾角、刀转角。

当进给鼓轮指标在滚切中心刻线上时，按机床调整卡片上规定的参数调整分齿交换齿轮和滚比交换齿轮，并保证其啮合间隙为 0.1~0.15mm。

根据齿轮模数、齿数、材质、硬度、刀盘直径合理选取切削速度和进给交换齿轮，切削速度一般可在 15~40m/min 范围内选取。

（4）铣齿加工　加工相啮合的齿轮副时，应先铣大齿轮，然后以大齿轮配铣小齿轮，铣后应做标记。首件铣齿后，在保证安装距和齿侧间隙的条件下，应将铣出的齿轮在滚动检查机上磨合，调整齿面接触区，合格后才能正式生产。铣齿时，刀盘的刀头磨损量应不大于 0.3mm。

6. 弧齿锥齿轮磨齿工艺

（1）磨齿前的准备　根据齿轮的模数、齿数、材质、硬度、磨削方式、齿面表面粗糙度等因素合理选用砂轮。

砂轮要进行粗平衡→修整→精平衡→再修整。

（2）被磨削齿轮的装夹　按零件图样和工艺规程中规定的安装距，加上夹具上标明的（或实测的）尺寸，严格控制水平轮位。

磨齿心轴（夹具）装入机床主轴孔后应检查其定位外圆的径向圆跳动和支承轴向圆跳动，其公差应不大于 0.01mm。

当需要更换机床工件主轴大锥套时，应将机床工件主轴内锥孔及其端面和锥套的外圆及其端面擦干净，涂一薄层机油，用手推入进行配合，锥套和主轴锥孔的端面间必须有 0.15~0.20mm 的间隙，拉紧后此间隙应消除。

（3）砂轮安装　砂轮安装后，应用砂轮修正器修出正确的齿形角。必须保证砂轮的正确轮位。

（4）机床调整 按照机床调整卡片上规定的各项参数，调整机床的刀位、轮位、床位。调整分齿交换齿轮和滚比交换齿轮，保证其啮合间隙为 0.1~0.15mm。

鼓轮机构调整时，应注意调整滚柱的不同位置，安装要准确。摇台角调整时，应调好摇台作磨削摆动的起点，使摇台摆动的角度足以磨好全齿面。选取合适的磨削速度和进给量，保证被磨削齿轮的齿面不得出现烧伤、退火和裂纹。

（5）磨削加工 磨削相啮合的齿轮副时，必须先磨削大齿轮，然后以大齿轮配磨小齿轮。齿轮磨齿后，在保证安装距和齿侧间隙的条件下，应在滚动检查机上磨合，调整齿面接触区，合格后做标记。

7. 剃齿工艺守则

剃齿加工原理如图 6-6 所示。

（1）被剃齿轮的装夹 机床前后（或上下）顶尖的径向圆跳动应不大于 0.005mm。两顶尖中心连线对工作台移动方向的偏移，在 150mm 内应不大于 0.01mm。

剃齿心轴装夹后，径向圆跳动应不大于 0.005mm。

机床主轴的轴向圆和径向圆跳动都应小于 0.005mm，垫圈两端面的平行度应不大于 0.005mm。

（2）剃齿刀的选择与装夹 剃齿刀的精度按表 6-29 选用。

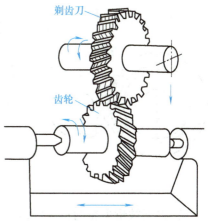

图 6-6 剃齿加工原理

表 6-29 剃齿刀的精度选用（精度等级按第Ⅱ公差组要求）

齿轮精度等级	剃齿刀精度等级
6	A
7	A、B
8	B

剃齿刀装夹后，其轴向圆跳动和径向圆跳动均应不大于 0.01mm。剃齿刀的齿数应与被剃齿轮齿数无公约数。

（3）机床调整 应根据机床刚性，齿轮模数、材质、硬度，剃齿方式、剃齿刀直径等因素选取主轴速度交换齿轮。

根据齿轮模数、齿数、材质、硬度选取进给量。径向进给量一般取 0.005~0.01mm/r，轴向进给量一般取 0.1~0.5mm/r。

在调整剃齿刀的超越行程时，为保证齿向精度，剃齿刀的超越行程一般应取剃齿刀厚度的 1/3~2/5。

（4）剃齿加工 剃齿时轴交角的选择：

1）剃直齿轮时，轴交角应取 5°或 15°。

2）剃斜齿轮时，轴交角应取 10°~25°。

3）剃双联或多联齿轮时，轴交角应根据齿轮空刀槽宽度适当选取，保证台肩无干涉。

机床调整好后，应进行齿轮的试剃并检查齿向精度，合格后才能进行剃齿。

在剃齿过程中，发现齿面失去剃刀花纹，出现挤压痕迹，齿面无光泽，齿形端面出现较大飞边，有啃刀现象，齿形误差增大，公法线长度变动超差或发出异常声音时，应及时换刀。

剃削鼓形齿时，仿形板应按工件中心点放置，并与工作台摇摆中心点重合，以保证工件来往行程的摆动量相等，使剃出的齿形鼓形量对称。

8. 珩齿工艺守则

珩齿加工原理如图 6-7 所示。

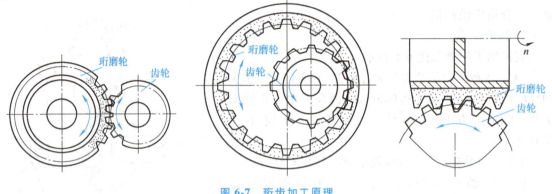

图 6-7 珩齿加工原理

1）根据被珩齿轮的精度等级、热处理变形情况选取珩齿方式。

2）珩磨轮的精度一般应为 9~10 级，其齿圈径向圆跳动应不大于 0.10mm。

3）珩齿时，被珩齿轮一般应处于升速状态，珩磨轮转速不应太高，一般可在 200~300r/min 范围内选取。

4）珩齿循环次数一般取 2~4 次，循环次数多了会破坏齿轮的齿形精度。

5）珩磨轮的超越行程，一般应按珩磨轮厚度的 1/3 选取。其余可参照剃齿工艺。

9. 渐开线圆柱齿轮磨齿工艺守则

（1）磨齿前的准备　根据齿轮的模数、齿数、材质、硬度、磨削方式、齿面表面粗糙度等因素合理选用砂轮。砂轮要进行粗平衡→修整→精平衡→再修整。

（2）被磨削齿轮的装夹　磨齿机上下（左右）顶尖的径向圆跳动应不大于 0.003mm。盘状齿轮应尽可能与其相配轴压装后磨齿。

使用磨齿心轴定位磨齿时应注意以下几点：

1）磨齿心轴按表 6-30 选用。

表 6-30　磨齿心轴的选用（齿轮精度等级按第Ⅱ公差组要求）

齿轮精度等级	选用心轴种类
3~4	按每隔 2 公差分组的圆柱心轴,使工件与心轴配合间隙为 2μm,或采用密珠心轴
5~6	锥度心轴 1：5000~1：15000，或按 4μm 公差分组的圆柱心轴
6~7	圆柱心轴，或胀套心轴

2）磨齿心轴各部分精度和粗糙度要求推荐按表 6-31。

3）要保证被磨削齿轮孔与磨齿心轴的配合精度。

4) 垫圈两端面的平行度应不大于 0.005mm。

5) 磨齿心轴的传动夹头装夹螺钉拧紧应适量。

表 6-31 磨齿心轴各部分精度和粗糙度要求（齿轮精度等级按第Ⅱ公差组要求）

齿轮精度等级	磨齿心轴径向圆跳动/mm	端面对外圆垂直度/mm	端面、外圆表面粗糙度 $Ra/\mu m$	中心孔 接触面比例（%）	中心孔 表面粗糙度 $Ra/\mu m$
3~4	0.001	0.001~0.002	0.1	85	0.1
5	0.002~0.003	0.002~0.004	0.1	85	0.1
6~7	0.003~0.005	0.005~0.006	0.2	80	0.1

使用夹具定位磨齿时应注意以下几点：

① 夹具定位面在 $\phi 400mm$ 范围内，轴向全跳动应不大于 0.005mm。

② 被磨削齿轮内孔的径向圆跳动和基准轴向圆跳动，均应不大于表 6-31 中规定数值的 85%。

(3) 砂轮的安装与修正　砂轮安装后，应用砂轮修整器修出所需的砂轮齿形角。

1) 对锥面砂轮磨齿机，砂轮齿形角一般应与被磨削齿轮的压力角相等。

2) 对马格磨齿机，可根据被磨削齿轮的精度和生产批量，优先采用 0° 磨削法或 K 型磨削法。

修正砂轮时，应使金刚石尖的移动轨迹通过砂轮轴线，且移动速度应均匀。

(4) 机床调整　使用交换齿轮展成磨齿机时，其滚比交换齿轮应计算到小数点后有效数字第五位；使用基圆盘展成磨齿机时，基圆盘直径应计算到小数点后有效数字第二位。基圆盘的径向圆跳动应不大于 0.015mm。

分齿交换齿轮和滚比交换齿轮的啮合间隙应保证在 0.08~0.12mm 内。

(5) 磨齿加工　根据被磨削齿轮的模数、齿数、材质、硬度、精度等级、齿面表面粗糙度和砂轮的材料、粒度、硬度合理选取磨削速度、进给量和行程次数。

首件齿轮不得一次磨到成品尺寸，在磨削过程中应检查其齿形、齿向、齿距等项目，合格后再继续磨至成品尺寸。

被磨削齿轮齿面不允许有烧伤、裂纹等缺陷。

调整工作台的行程长度时，应保证齿轮渐开线齿形能完全展开，并要有适当的空行程，以消除工作台的返行程传动间隙或液压波动。

6.5.9 数控加工

1. 加工前的准备

1) 操作者必须根据机床使用说明书熟悉机床的性能、加工范围和精度，并要熟练地掌握机床及其数控装置或计算机各部分作用及操作方法。

2) 检查各开关、旋钮和手柄是否在正确位置。

3) 启动控制电气部分，按规定进行预热。

4) 开动机床使其空运转，并检查各开关、按钮、旋钮和手柄的灵敏性及润滑系统是否正常等。

5）熟悉被加工工件的加工程序和编程原点。

2. 刀具与工件的装夹

1）安放刀具时应注意刀具的使用顺序，刀具的安放位置必须与程序要求的顺序和位置一致。

2）工件的装夹除应牢固可靠外，还应注意避免在工作中刀具与工件或刀具与夹具发生干涉。

3. 加工要求

1）进行首件加工前，必须经过程序检查（试走程序）、轨迹检查、单程序段试切及工件尺寸检查等步骤。

2）在加工时，必须正确输入程序，不得擅自更改程序。

3）在加工过程中操作者应随时监视显示装置，发现报警信号时应及时停机排除故障。

4）加工中不得随意打开控制系统或计算机柜。

5）零件加工完后，应将程序存储介质妥善保管，以备再用。

6.5.10 下料

1. 下料前的准备

1）看清下料单上的材质、规格、尺寸及数量等。

2）核对材质、规格与下料单要求是否相符。材料代用必须严格履行代用手续。

3）查看材料外观质量（疤痕、夹层、变形、锈蚀等）是否符合有关质量规定。

4）将不同工件所用相同材质、规格的料单集中，考虑能否套料。

5）号料。

① 端面不规则的型钢、钢板、管材等材料号料时，必须将不规则部分让出。

② 号料时应考虑下料方法，留出切口余量。

6）有下料定尺挡板的设备，下料前要按尺寸要求调准定尺挡板，并保证工作可靠，下料时材料一定靠实挡板。

2. 下料

（1）剪切下料　剪切下料如图6-8所示。

钢板、扁钢下料时，应优先使用剪切下料。

用剪板机下料时剪刃必须锋利，并应根据下料板厚调整好剪刃间隙，其值参见表6-32。

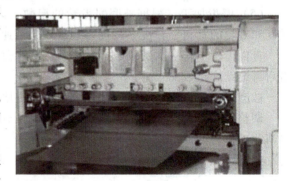

图6-8　剪切下料

表6-32　剪切钢板时剪刃间隙与板厚的关系　　　　（单位：mm）

钢板厚度	4	5	6	7	8	9	10	11	12	13	14	15	16
剪刃间隙	0.15	0.20	0.25	0.30	0.35	0.40	0.45	0.50	0.55	0.60	0.65	0.70	0.75

剪切最后剩下的料头必须保证剪床的压料板能压牢。下料时应先将不规则的端头切掉。

切口断面不得有撕裂、裂纹或棱边。

（2）气割下料 气割下料如图6-9所示。气割前应根据被切割板材厚度换好切割嘴，调整好表压，点火试验合格后方可切割。气割下料时割嘴规格号的选择见表6-33。

气割下料时，毛坯每边应留适当加工余量，手工气割下料毛坯每边加工余量参见表6-34。

气割下料后，应将气割边的挂碴、氧化物等打磨干净。

图6-9 气割下料

（3）锯削下料 锯削下料时，应根据材料的牌号和规格选好锯条或锯片，工艺余量应适当。常用型材的锯削下料工艺余量参见表6-35和表6-36。

表6-33 气割下料时割嘴规格号的选择　　　　　　　　　　（单位：mm）

板材厚度	5~10	>10~20	>20~40	>40~60	>60~100	>100~150	>150~180
割嘴号	1	2	3	7	5	6	7
手动割口宽度	2	2.5	3	8	4~6	6.5	8
机动割口宽度	1.5~2	2.5	3	6~7	4.5~5	5~5.5	6~7

表6-34 手工气割下料毛坯每边加工余量　　　　　　　　　　（单位：mm）

		毛坯厚度				
毛坯长度或直径		≤25	>25~50	>50~100	>100~200	>200~300
		每边余量				
长度	≤100	3	4	5	8	10
	>100~250	4	5	6	9	
	>250~630					11
	>630~1000	5	6	7	10	
	>1000~1600					12
	>1600~2500	6	7	8	11	
	>2500~4000					13
	>4000~5000	7	8	9	12	
直径	60~100	5	7	10	14	16
	>100~150	6	8	11	15	17
	>150~200	7	9	12	16	18
	>200~250	8	10	13	17	19
	>250~300	9	11	14	18	20

表 6-35 常用型材的锯削下料工艺余量 D_1 （单位：mm）

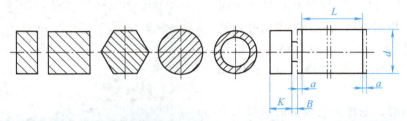

直径或对边距离 d	切口宽度 B	工件长度 L						夹头尺寸 K
		≤50	>50~200	>200~500	>500~1000	>1000~5000	>5000	
		端面工艺余量 $2a$						
≤30	弓锯 3	2	2	3	4	5	6	20
>30~80		2	3	4	5	6	8	20
>80~120	圆盘锯 6	3	4	5	6	8	10	25
>120~180		4	5	6	8	10	12	30
>180~250	7	5	6	8	10	12	14	35
下料极限偏差		<±a/4						

表 6-36 锯削下料工艺余量 D_2 （单位：mm）

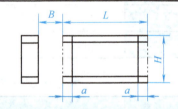

高度×边长 $H×b$	切口宽度 B（用圆锯片）	工件长度 L		
		1000	>1000~5000	>5000
		端面工艺余量 $2a$		
<100×68	7	3	5	7
100×68~630×190		5	10	15
下料极限偏差		<±a/4		

（4）用薄片砂轮切割下料　用薄片砂轮切割下料时，工艺余量参见表 6-37。

表 6-37 薄片砂轮下料工艺余量 （单位：mm）

直径或对边距离	切口宽度 B	工件长度 L		
		≤1000	>5000	>1000~5000
		两端面工艺余量 $2a$		
≤100	4	3	5	7
>100~150	6	4	6	8
下料极限偏差		<±a/4		

6.5.11 划线

在毛坯或工件上，用划线工具划出待加工部位的轮廓线或作为基准的点、线，称为划线。铣削、刨削、钻削常采用划线加工，为防止切削液冲洗模糊划线，钻削工序一般放后面。

划线分平面划线和立体划线。只需在工件的一个表面上划线后，即能明确表示加工界线的，称为平面划线。如在板料上划线，法兰端面上划钻孔加工线等都属于平面划线。同时要在工件上几个互成不同角度（通常是互相垂直）的表面上都划线，才能明确表示加工界线的，称为立体划线。如划出支架、箱体等表面的加工线都属于立体划线。可见，平面划线与立体划线之间的区别，并不在于工件形状的复杂程度如何，有时平面划线的工件形状却比立体划线的还要复杂。

划线的作用不仅能使加工时有明确的尺寸界线，而且能及时发现和处理不合格的毛坯，避免加工后造成损失；而在毛坯误差不大时，往往又可依靠划线时借料的方法予以补救，使加工后的零件仍能符合要求。

1. 划线步骤

1）看清图样，详细了解工件上需要划线的部位；明确工件及其划线有关部分在机械上的作用和要求；了解有关的加工工艺。

2）确定划线基准。

3）工件的清理、检查和涂色。

4）正确安放工件和选用工具。

5）划线。

6）仔细检查划线的正确性及是否有线和漏划。

7）在线条上冲眼。

2. 划线术语

1）平面划线。在工件的两坐标体系内进行的划线。

2）立体划线。在工件的三坐标体系内进行的划线。

3）毛坯划线。在铸件、锻件、焊接件等毛坯上进行的划线。

4）半成品划线。在半成品件上进行的划线。

5）基准线。在划线中作为确定各线间相互位置关系依据的线。

6）加工线。划在工件表面上作为加工界限的线。

7）找正线。划在工件上，用来找正其在机床工作台上正确位置的线。

8）检查线。划在工件上，用来检查划线或加工结果正确性的线。

9）尺寸引线。将工件上划的加工线或检查线等延伸到不加工部位或指定部位的那段线。

10）辅助线。加工线以外的线，如找正线、检查线、尺寸引线等均为辅助线。

11）基准中心平面。实际中心平面的理想平面。

12）实际中心平面。为从两对应实际表面上测得的各对应点连线中点所构成的面。

13）借料。划线时。对有局部缺陷的毛坯（或工件）在总余量许可的情况下，将缺陷划在加工线以外的补救措施。

3. 划线前的准备

1) 划线平台应保持清洁，所用划线工具应完好并应擦拭干净，摆放整齐。

2) 看懂图样及工艺文件，明确划线工作内容。

3) 查看毛坯（半成品）形状、尺寸是否与图样、工艺文件要求相符，是否存在明显的外观缺陷。

4) 做好划线部位的清理工作。

5) 对划线部位涂色。

4. 常用划线工具的要求

1) 划线平台（平板）。

① 划线平台应按有关规定进行定期检查、调整、研修（局部），使台面经常保持水平状态；其平面度不得低于 GB/T 22095—2008 中规定的 3 级精度。

② 大平台不应经常划小工件，避免局部台面磨凹。

③ 保持台面清洁，不应有灰砂、铁屑及杂物。

④ 工件、工具要轻放，禁止撞击台面。

⑤ 不用时台面应采取防锈措施。

2) 划针、划规。对铸件、锻件毛坯划线时，应使用焊有硬质合金的划针尖，并保持其锋利。划线的线条宽度应在 0.1~0.15mm 范围内。

对已加工面划线时，应使用弹簧钢或高速钢划针，针尖磨成 15°~20°。划线的线条宽度应在 0.05~0.1mm 范围内。

毛坯划线和半成品划线所用的划针、划针盘、划规不应混用。划针盘用完后，必须将针尖朝下、并列排放。高度游标卡尺（图 6-10）装上划线量爪可以用于划线。

3) 成对制造的 V 形垫铁应做标记，不许单个使用。

5. 划线基准的选择

（1）一般选择原则

1) 划线基准首先应考虑与设计基准保持一致。

2) 有已加工面的工件，应优先选择已加工面为划线基准。

3) 毛坯上没有已加工面时，首先选择最主要的（或大的）不加工面为划线基准。

图 6-10　高度游标卡尺（划线用）

（2）平面划线基准选择

1) 以两条互相垂直的中心线做基准。

2) 两条互相垂直的线，以其中一条为中心线做基准。

3) 以两条互相垂直的边线做基准。

（3）立体划线基准选择

1) 以三个互相垂直的基准中心平面做基准。

2) 三个互相垂直的平面，以其中两个为基准中心平面做基准。

3) 三个互相垂直的平面，以其中一个为基准中心平面做基准。

4) 以三个互相垂直的平面做基准。

6. 毛坯的找正与借料

1) 毛坯划线，一般应保证各面的加工余量分布均匀。
2) 对有局部缺陷的毛坯划线时可用借料的方法予以补救。

7. 打样冲眼

1) 加工线一般都应打样冲眼，且应基本均布。直线部分间距大些，曲线部分间距小些。
2) 中心线、找正线、尺寸引线、装配对位标记线、检查线等辅助线，一般应打双样冲眼。
3) 样冲眼应打在线宽的中心和孔中心线的交点上。

6.5.12 钳工

1. 台虎钳的使用

1) 使用台虎钳（图 6-11）夹持工件已加工面时，需垫铜、铝等软材料的垫板；夹持非铁金属或玻璃等工件时，则需加木板、橡胶垫等；夹持圆形薄壁件需用 V 形或弧形垫块。
2) 夹紧工件时，不许用锤子敲打手柄。

2. 錾削

1) 錾削时，錾刃应保持锋利，錾子（图 6-12）楔角应根据被錾削的材料按表 6-38 选用。

图 6-11 台虎钳

图 6-12 錾子

表 6-38 錾子楔角选用

工件材料	低碳钢	中碳钢	非铁金属
錾子楔角	50°～60°	60°～70°	30°～50°

2) 錾削脆性材料时，应从两端向中间錾削。

3. 锯削

1) 锯条安装的松紧程度要适当。
2) 工件的锯削部位装夹时应尽量靠近钳口，防止振动。
3) 锯削薄壁管件，必须选用细齿锯条；锯薄板件，除选用细齿锯条外，薄板两侧必须加木板，在锯削时锯条相对工件倾斜角应小于或等于 45°。

4. 锉削

1) 根据工件材质选用锉刀（图 6-13）：非铁金属件应选用单齿纹锉刀，钢铁件应选用双齿纹锉刀，不得混用。

2）根据工件加工余量、精度或表面粗糙度，按表 6-39 选择锉刀。

3）不得用一般锉刀锉削带有氧化皮的毛坯及工件淬火表面。

4）锉刀不得沾油；若锉刀齿面有油渍，可用煤油或清洗剂清洗后再用。

5. 攻螺纹

1）丝锥切入工件时，应保证丝锥轴线对孔端面的垂直度。

2）攻螺纹时，应勤倒转，必要时退出丝锥，清除切屑。

3）根据工件的材料合理选用润滑剂。

图 6-13　锉刀

表 6-39　锉刀的选择

锉刀	适 用 条 件		
	加工余量/mm	尺寸精度/mm	表面粗糙度 Ra/μm
粗齿锉	0.5~2	0.2~0.5	25~100
中齿锉	0.2~0.5	0.05~0.2	6.3~12.5
细齿锉	0.05~0.2	0.01~0.05	3.2~6.3

6. 铰孔

1）手铰孔时用力要均衡，铰刀退出时必须正转不得反转。

2）在铰孔时应根据工件材料和孔的粗糙度要求，合理选用润滑剂。

7. 刮削

1）刮削显示剂一般用红丹油（铅丹油），稀释度要适当。使用时要涂得薄而均匀。显示剂要保持清洁，无灰尘杂质，不用时要盖严。

2）平面刮削操作要点见表 6-40。

表 6-40　平面刮削操作要点

种类	操作要点
粗刮	1. 刮削量大的部位采用长刮法 2. 刮削方向一般应沿工件长度方向 3. 在 25mm×25mm 内应有 3~4 点，点的分布要均匀
细刮	1. 采用短刀法刮削 2. 每遍刮削方向应相同，并与前一遍刮削方向交错 3. 在 25mm×25mm 内应有 12~15 点，点的分布要均匀
精刮	1. 采用点刮法刮削，每个研点只刮一刀不重复；大的研点全刮去，中等点刮去一部分，小的研点不刮 2. 在 25mm×25mm 内出现点数达到要求即可

3)曲面刮削。刮削圆孔时,一般应使用三角刮刀,刮削圆弧面时一般应使用蛇头刮刀或半圆弧刮刀。

刮削轴瓦时,最后一遍刀迹应与轴瓦轴线成 45°、交叉刮削。

刮削轴瓦时,靠近两端接触点数应比中间的点数多,圆周方向上,工作中受力的接触角部位的点应比其余部位的点密集。

8. 研磨

1)研磨前应根据工件材料及加工要求,选好磨料种类和粒度。磨料种类和粒度的选择参见表 6-41 和表 6-42。

表 6-41 磨料种类的选择

工件材料	加工要求	磨料名称	代号
碳钢、可锻铸铁、硬青铜	粗、精研	棕刚玉	A
淬火钢、高速钢、高碳钢	精研	白刚玉	WA
淬火钢、轴承钢、高速钢	精研	铬刚玉	PA
不锈钢、高速钢等高强度高韧性材料		单晶刚玉	SA
铸铁、黄铜、铝、非金属材料		黑碳化硅	C
硬质合金、陶瓷、宝石、玻璃绿		绿碳化硅	GC
硬质合金、宝石	精研、抛光	碳化硼	BC
硬质合金、人造宝石等高硬脆材料	粗、精研	人造金刚石	SD
钢、铁、光学玻璃	精研、抛光	氧化铁、氧化铬	

表 6-42 磨料粒度的选择

加工要求	磨料粒度分组	粒度号数
开始粗研($Ra0.8\mu m$)	磨粒	F100~F220
粗研($Ra0.4~0.2\mu m$)		F280~F360
半精研($Ra0.2~0.1\mu m$)	微粉	F400~F800
精研($Ra0.1$ 以下)		F1000 以上

2)研磨剂应保持清洁无杂质,使用时应调得干稀合适,涂得薄而均匀。

3)研磨工具的选择及要求。

① 粗研平面时,应用一般研磨平板,精研时用精研平板。

② 研磨外圆柱面用的研磨套长度一般应是工件外径的 1~2 倍,孔径应比工件外径大 0.025~0.05mm。

③ 研磨圆柱孔用的研磨棒工作部分的长度一般应为被研磨孔长度的 1.5 倍左右,研磨棒的直径应比被研磨孔径小 0.010~0.025mm。

④ 研磨圆锥面用的研磨棒(套)工作部分的长度,应是工件研磨长度的 1.5 倍左右。

4) 研磨操作。

① 研磨平面时，应采用 8 字形旋转和直线运动相结合方式进行研磨。

② 研磨外圆和内孔时，研磨出的网纹应与轴线成 45°，在研磨的过程中应注意调整研磨套（棒）与工件配合的松紧程度，以免产生椭圆或棱圆，且在研孔过程中应注意及时除去孔端多余的研磨剂，以免产生喇叭口。

③ 研磨圆锥面时，每旋转 4~5 圈应将研磨棒拔出一些，然后再推入继续研磨。

④ 研磨薄形工件时，必须注意温升的影响，研磨时应不断变换研磨方向。

⑤ 在研磨过程中用力要均匀、平稳，速度不宜太快。

5) 研磨后应及时将工件清洗干净，并采取防锈措施。

6.5.13　滚花

滚花是在金属制品的把手处或其他工作外表滚压花纹的机械工艺，主要是防滑用，如手柄滚花。现行国家标准《滚花》（GB/T 6403.3—2008），针对直纹滚花和网纹滚花的尺寸规格（模数 0.2、0.3、0.4、0.5）做了详细规定。

这些花纹一般是在车床上用滚花刀滚压而形成的，花纹有直纹和网纹两种（图 6-14），滚花刀也分直纹滚花刀和网纹滚花刀（图 6-15）。滚花是用滚花刀来挤压工件，使其表面产生塑性变形而形成花纹。滚花的径向挤压力很大，因此加工时，工件的转速要低些。需要充分供给切削液，以免研坏滚花刀和细屑滞塞在滚花刀内而产生乱纹。

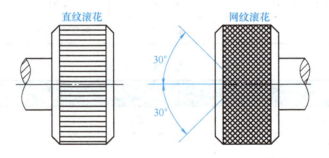

图 6-14　滚花的形式

图 6-15　滚花刀

6.6 常用夹具元件

1. 定位元件——支承钉

支承钉的种类如图 6-16 所示，相应尺寸见表 6-43。

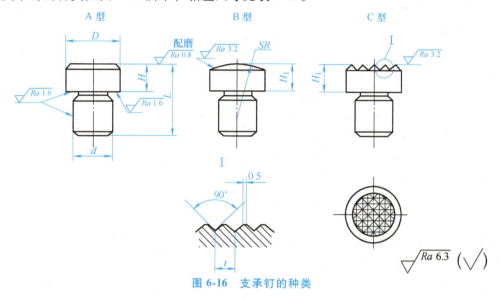

图 6-16 支承钉的种类

技术条件
1）材料。T8 按 GB/T 1299—2014 的规定。
2）热处理。55~60HRC。
3）其他技术条件按 JB/T 8044—1999 的规定。

标记示例
$D=16$mm、$H=8$mm 的 A 型支承钉：
支承钉　A16×8　JB/T 8029.2—1999。

表 6-43　支承钉的尺寸（摘自 JB/T 8029.2—1999）　　（单位：mm）

D	H	H_1		L	d		SR	t
		公称尺寸	极限偏差 h11		公称尺寸	极限偏差 r6		
5	2	2	0 -0.060	6	3	+0.016 +0.010	5	1
	5	5		9				
6	3	3	0 -0.075	8	4	+0.023 +0.015	6	
	6	6		11				
8	4	4	0 -0.090	12	6		8	1.2
	8	8		16				

（续）

D	H	H₁ 公称尺寸	极限偏差 h11	L	d 公称尺寸	极限偏差 r6	SR	t
12	6	6	0 −0.075	16	8	+0.028 +0.019	12	1.2
	12	12	0 −0.110	22				
16	8	8	0 −0.090	20	10		16	
	16	16	0 −0.110	28				1.5
20	10	10	0 −0.090	25	12	+0.034 +0.023	20	
	20	20	0 −0.130	35				
25	12	12	0 −0.110	32	16		25	
	25	25	0 −0.130	45				2
30	16	16	0 −0.110	42	20	+0.041 +0.028	32	
	30	30	0 −0.130	55				
40	20	20	0 −0.130	50	24		40	
	40	40	0 −0.160	70				

2. 定位元件——定位销

固定式定位销的种类如图 6-17 所示，其尺寸见表 6-44。

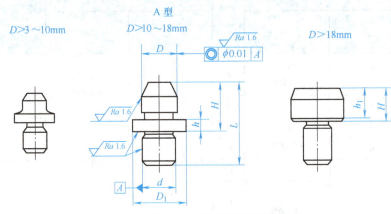

图 6-17　固定式定位销的种类

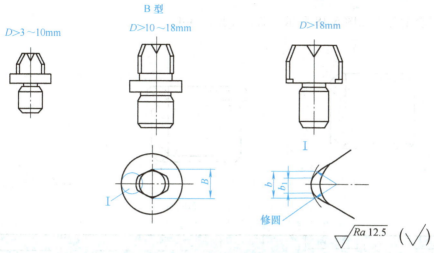

图 6-17 固定式定位销的种类（续）

技术条件

1）材料。$D \leqslant 18$mm，T8 按 GB/T 1299—2014 的规定。$D>18$mm，20 钢按 GB/T 699—2015 的规定。

2）热处理。T8 为 55~60HRC；

20 钢渗碳深度 0.8~1.2mm，55~60HRC。

3）其他技术条件按 JB/T 8044—1999 的规定。

标记示例

$D=11.5$mm、公差带为 f7、$H=14$mm 的 A 型固定式定位销：

定位销　A12.5f7×14　JB/T 8014.2—1999。

表 6-44　固定式定位销的尺寸（摘自 JB/T 8014.2—1999）　　　　（单位：mm）

D	H	d 公称尺寸	极限偏差 r6	D_1	L	h	h_1	B	b	b_1
>6~8	10	8	+0.028 +0.019	14	20	3		D-1	3	2
	18				28	7				
>8~10	12	10		16	24	4	—			
	22				34	8				
>10~14	14	12		18	26	4		D-2	4	3
	24				36	9				
>14~18	16	15		22	30	5				
	26				40	10				
>18~20	12	12	+0.034 +0.023		26		1			
	18				32					
	28				42					
>20~24	14	15			30	—		D-3	5	
	22				38					
	32				48		2			
>24~30	16				36			D-4		
	25				45					
	34				54					

注：D 的公差带按设计要求决定。

3. 定位元件——定位衬套

定位衬套的种类如图 6-18 所示，其尺寸见表 6-45。

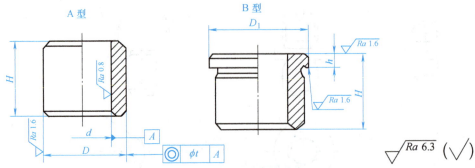

图 6-18 定位衬套的种类

表 6-45 定位衬套的尺寸（摘自 JB/T 8013.1—1999）　　　　　（单位：mm）

d 公称尺寸	d 极限偏差 H6	d 极限偏差 H7	h	H	D 公称尺寸	D 极限偏差 n6	D_1	t H6	t H7
3	+0.006 0	+0.010 0	3	8	8	+0.019 +0.010	11	0.005	0.008
4	+0.008 0	+0.012 0		10	10		13		
6			4	12	12		15		
8	+0.009 0	+0.015 0		12	15	+0.023 +0.012	18		
10					18		22		
12	+0.011 0	+0.018 0		16	22	+0.028 +0.015	26		
15					26		30		
18				20	30		34		
22	+0.013 0	+0.021 0			35		39		
26			5	25 45	42	+0.033 +0.017	46	0.008	0.012
30									
35				25 45	48		52		
42	+0.016 0	+0.025 0		30 56	55	+0.039 +0.020	59		
48				30 56	62		66		
55				30 56	70	+0.039 +0.020	74		
62	+0.019 0	+0.030 0	6	35 67	78		82	0.025	0.040
70				35 67	85	+0.045 +0.023	90		
78				40 78	95		100		

技术条件

1）材料。$d \leqslant 25$mm，T8 按 GB/T 1299—2014 的规定。$d > 25$mm，20 钢按 GB/T 699—2015 的规定。

2）热处理。T8 为 55~60HRC；

20 钢渗碳深度 8~1.2mm，55~60HRC。

3）其他技术条件按 JB/T 8044—1999 的规定。

第6章 常用工艺参考资料

标记示例

$d = 22$mm、公差带为 H6、$H = 20$mm 的 A 型定位衬套：

定位衬套　A22H6×20　JB/T 8013.1—1999。

4. 定位元件——V 形块

V 形块的结构如图 6-19 所示，其尺寸见表 6-46。

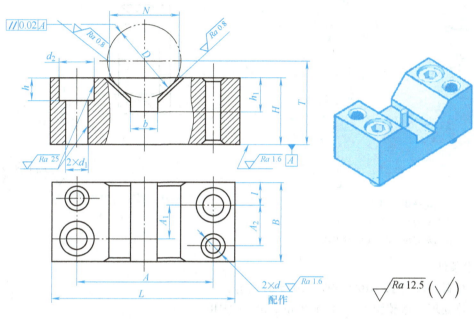

图 6-19　V 形块的结构

技术条件

1）材料。20 钢按 GB/T 699—2015 的规定。

2）热处理。渗碳深度 0.8~1.2mm，58~64HRC。

3）其他技术条件按 JB/T 8044—1999 的规定。

标记示例

$N = 24$mm 的 V 形块：

V 形块　24　JB/T 8018.1—1999。

表 6-46　V 形块的尺寸（摘自 JB/T 8018.1—1999）　　　　　　（单位：mm）

N	D	L	B	H	A	A_1	A_2	b	l	d 公称尺寸	极限偏差 H7	d_1	d_2	h	h_1
9	5~10	32	16	10	20	5	7	2	5.5	4	+0.012 0	4.5	8	4	5
14	>10~15	38	20	12	26	6	9	4	7			5.5	10	5	7
18	>15~20	46	25	16	32	9	12	6	8	5		6.6	11	6	9
24	>20~25	55		20	40			8							11
32	>25~35	70	32	25	50	12	15	12	10	6		9	15	8	14
42	>35~45	85	40	32	64	16	19	16	8		+0.015 0	11	18	10	18
55	>45~60	100		35	76			20							22
70	>60~80	125	50	42	96	20	25	30	15	10		13.5	20	12	25
85	>80~100	140		50	110			40							30

注：尺寸 T 按公式计算，$T = H + 0.707D - 0.5N$。

5. 对刀元件——对刀块

对刀块（图6-20）包括圆形对刀块（JB/T 8031.1—1999）、方形对刀块（JB/T 8031.2—1999）、直角对刀块（JB/T 8031.3—1999）和侧装对刀块（JB/T 8031.4—1999）。

圆形对刀块的图例如图6-21所示。圆形对刀块的相关尺寸见表6-47。

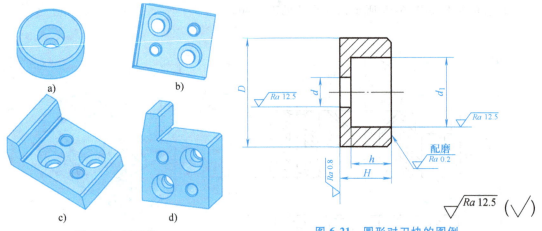

图6-20 对刀块

a）圆形对刀块　b）方形对刀块
c）直角对刀块　d）侧装对刀块

图6-21 圆形对刀块的图例

技术条件

1) 材料。20钢按GB/T 699—2015的规定。
2) 热处理。渗碳深度0.8~1.2mm，58~64HRC。
3) 其他技术要求条件按JB/T 8044—1999的规定。

标记示例

$D=25$mm 的圆形对刀块：

对刀块　25　JB/T 8031.1—1999。

表6-47　圆形对刀块的相关尺寸（摘自JB/T 8031.1—1999）　　（单位：mm）

D	H	h	d	d_1
16	10	6	5.5	10
25	10	7	6.6	11

方形对刀块的图例如图6-22所示。

技术条件

1) 材料。20钢按GB/T 699—2015的规定。
2) 热处理。渗碳深度0.8~1.2mm，58~64HRC。
3) 其他技术要求条件按JB/T 8044—1999的规定。

标记示例

方形对刀块：

对刀块　JB/T 8031.2—1999。

6. 对刀元件——塞尺

塞尺包括平塞尺（图6-23a）和圆柱塞尺（图6-23b）。平塞尺的结构如图6-24所示，其尺寸见表6-48。

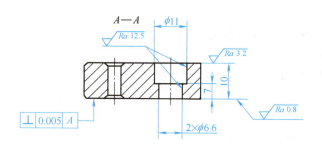

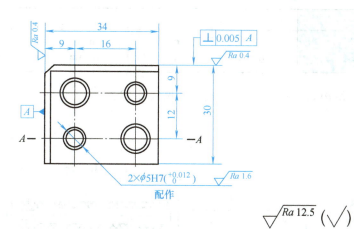

图 6-22 方形对刀块的图例（摘自 JB/T 8031.2—1999）

图 6-23 塞尺
a）平塞尺　b）圆柱塞尺

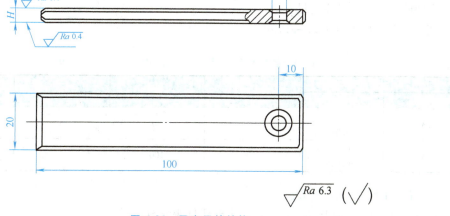

图 6-24 平塞尺的结构

技术条件

1) 材料。T8 按 GB/T 1299—2014 的规定。
2) 热处理。55~60HRC。
3) 其他技术要求条件按 JB/T 8044—1999 的规定。

标记示例

$H=5$mm 的对刀平塞尺：

塞尺　5　JB/T 8032.1—1999。

表 6-48　平塞尺的尺寸（摘自 JB/T 8032.1—1999）　　　　（单位：mm）

H	公称尺寸	1	2	3	4	5
	极限偏差 h8	0 -0.014	0 -0.014	0 -0.014	0 -0.018	0 -0.018

圆柱塞尺的结构如图 6-25 所示，其尺寸见表 6-49。

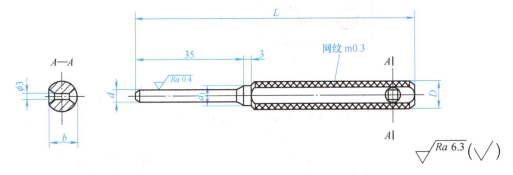

图 6-25　圆柱塞尺的结构

技术条件

1) 材料。T8 按 GB/T 1299—2014 的规定。
2) 热处理。55~60HRC。
3) 其他技术要求条件按 JB/T 8044—1999 的规定。

标记示例

$d=5$mm 的对刀圆柱塞尺：

塞尺　5　JB/T 8032.2—1999。

表 6-49　圆柱塞尺的尺寸（摘自 JB/T 8032.2—1999）　　　　（单位：mm）

d		D（滚花前）	L	d_1	b
公称尺寸	极限偏差 h8				
3	0 -0.014	7	90	5	6
5	0 -0.018	10	100	8	9

7. 导向元件——固定钻套

固定钻套的结构如图 6-26 所示，其尺寸见表 6-50。

第6章 常用工艺参考资料

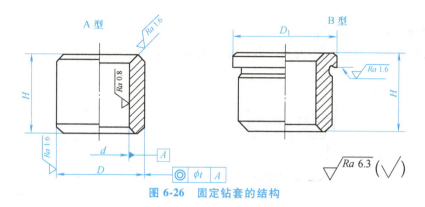

图 6-26 固定钻套的结构

技术条件

1）材料。$d \leq 26$mm，T10A 按 GB/T 1299—2014 的规定；$d > 26$mm，20 钢按 GB/T 699—2015 的规定。

2）热处理。T10A 为 58~64HRC；20 钢渗碳深度为 0.8~1.2mm，58~64HRC。

3）其他技术要求条件按 JB/T 8044—1999 的规定。

标记示例

$d = 18$mm、$H = 16$mm 的 A 型固定钻套：

钻套　A18×16　JB/T 8045.1—1999。

表 6-50　固定钻套的尺寸（摘自 JB/T 8045.1—1999）　　　　（单位：mm）

d		D		D_1	H			t
公称尺寸	极限偏差 F7	公称尺寸	极限偏差 n6					
>0~1	+0.016 +0.006	3	+0.010 +0.004	6	6	9	—	0.008
>1~1.8		4		7				
>1.8~2.6		5	+0.016 +0.008	8				
>2.6~3		6		9	8	12	16	
>3~3.3	+0.022 +0.010	7		10				
>3.3~4		8	+0.019 +0.010	11				
>4~5		10		13				
>5~6	+0.028 +0.013	12	+0.023 +0.012	15	10	16	20	
>6~8		15		18	12	20	25	
>8~10	+0.034 +0.016	18		22				
>10~12		22	+0.028 +0.015	26	16	28	36	
>12~15		26		30				
>15~18	+0.041 +0.020	30		34	20	36	45	
>18~22		35	+0.033 +0.017	39				0.012
>22~26		42		46	25	45	56	
>26~30	+0.050 +0.025	48		52				
>30~35		55		59	30	56	67	
>35~42		62		66				
>42~48		70	+0.039 +0.020	74				
>48~50	+0.060 +0.030	78		82	35	67	78	
>50~55		85		90				0.040
>55~62		95		100				
>62~70	+0.071 +0.036	105	+0.045 +0.023	110	40	78	105	
>70~78								
>78~80								
>80~85								

8. 导向元件——快换钻套

快换钻套的结构如图6-27所示，其尺寸见表6-51。

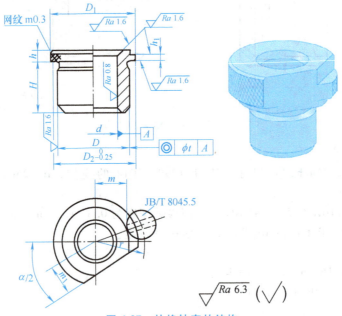

图6-27 快换钻套的结构

技术条件

1) 材料。$d \leq 26mm$，T10A按GB/T 1299—2014的规定；$d > 26mm$，20钢按GB/T 699—2015的规定。

2) 热处理。T10A为58~64HRC；20钢渗碳深度为0.8~1.2mm，58~64HRC。

3) 其他技术要求条件按JB/T 8044—1999的规定。

标记示例

$d = 12mm$，公差带为F7，$D = 18mm$，公差带为k6，$H = 16mm$的快换钻套：

钻套 12F7×18k6×16 JB/T 8045.3—1999。

9. 导向元件——钻套用衬套

钻套用衬套的结构如图6-28所示，其尺寸见表6-52。

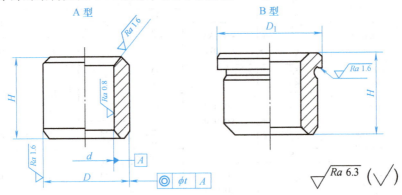

图6-28 钻套用衬套的结构

技术条件

1）材料。$d \leq 26$mm，T10A 按 GB/T 1299—2014 的规定；$d > 26$mm，20 钢按 GB/T 699—2015 的规定。

2）热处理。T10A 为 58~64HRC；20 钢渗碳深 0.8~1.2mm，58~64HRC。

3）其他技术要求条件按 JB/T 8044—1999 的规定。

标记示例

$d = 18$mm、$H = 28$mm 的 A 型钻套用衬套：

衬套　A18×28　JB/T 8045.4—1999。

表 6-51　快换钻套的尺寸（摘自 JB/T 8045.3—1999）　　　　（单位：mm）

d		D			D_1滚花前	D_2	H	h	h_1	r	m_1	m	α	t	配用螺钉 JB/T 8045.5
公称尺寸	极限偏差 F7	公称尺寸	极限偏差 m6	极限偏差 k6											
>0~3	+0.016 +0.006	8	+0.015 +0.006	+0.010 +0.001	15	12	10	16	—	11.5	4.2	4.2	50°	0.008	M5
>3~4	+0.022 +0.010						8	3							
>4~6		10			18	15	12	20	25		13	5.5	6.5		
>6~8	+0.028 +0.013	12			22	18					16	7	7			M6
>8~10		15	+0.018 +0.007	+0.012 +0.001	26	22	16	28	36	10	4	18	9	9		
>10~12		18			30	26						20	11	11		
>12~15	+0.034 +0.016	22			34	30		36	45			23.5	12	12	55°	
>15~18		26	+0.021 +0.008	+0.016 +0.002	39	35	20					26	14.5	14.5		M8
>18~22		30			46	42		45	56	12	5.5	29.5	18	18		
>22~26	+0.041 +0.020	35			52	46	25					32.5	21	21		
>26~30		42	+0.025 +0.009	+0.018 +0.002	59	53						36	24	24.5		0.012
>30~35		48			66	60	30	56	67			41	26	27	65°	
>35~42	+0.050 +0.025	55			74	68						45	32	31		
>42~48		62			82	76						49	36	35		
>48~50		70	+0.030 +0.011	+0.021 +0.002	90	84	35	67	78			53	40	39	70°	M10
>50~55		78			100	94		78		16	7	58	45	44		
>55~62	+0.060 +0.030	85			110	104	40		105			63	50	49		
>62~70		95			120	114						68	55	54		0.040
>70~78			+0.035 +0.013	+0.025 +0.003			45	89	112						75°	
>78~80	+0.071 +0.036	105			130	124						73	60	59		
>80~85																

注：当使用铰（扩）套时，d 公差带推荐如下，采用 GB/T 1132—2004《直柄和莫氏锥柄机用铰刀》规定的铰刀，铰 H7 孔时，取 F7，铰 H9 孔时，取 E7；铰（扩）其他精度孔时，公差带由设计选定。

表 6-52 钻套用衬套的尺寸（摘自 JB/T 8045.4—1999） （单位：mm）

d		D		D_1	H			t
公称尺寸	极限偏差 F7	公称尺寸	极限偏差 n6					
8	+0.028 +0.013	12	+0.023 +0.012	15	10	16	—	0.008
10		15		18	12	20	25	
12	+0.034 +0.016	18		22	16	28	36	
(15)		22	+0.028 +0.015	26				
18		26		30				
22	+0.041 +0.020	30		34	20	36	45	0.12
(26)		35	+0.033 +0.017	39				
30		42		46	25	45	56	
35	+0.050 +0.025	48		52				
(42)		55		59				
(48)		62	+0.039 +0.020	66	30	56	67	
55		70		74				
62	+0.060 +0.030	78		82	35	67	78	
70		85		90				0.040
78		95	+0.045 +0.023	100	40	78	105	
(85)		105		110				
95	+0.071 +0.036	115		120	45	89	112	
105		125	+0.052 +0.027	130				

注：因 F7 为装配后的公差，零件加工尺寸需由工艺决定（需要预留收缩量时，推荐为 0.006~0.012mm）。

常用 T 形槽间距尺寸与螺栓选择见表 6-53。

表 6-53 常用 T 形槽间距尺寸与螺栓选择 （单位：mm）

T 形槽宽度	T 形槽间距	与 T 形槽相配螺栓选择
14	63/80/100	M12
18	80/100/125	M16
22	100/125/160	M20

参 考 文 献

[1] 王先逵. 机械制造工艺学 [M]. 4 版. 北京：机械工业出版社，2019.
[2] 陈龙灿，彭全，张钰柱，等. 智能制造加工技术 [M]. 北京：机械工业出版社，2021.
[3] 王红军，韩秋实. 机械制造技术基础 [M]. 4 版. 北京：机械工业出版社，2021.
[4] 许晓旸. 专用机床设备设计 [M]. 重庆：重庆大学出版社，2003.
[5] 孙已德. 机床夹具图册 [M]. 北京：机械工业出版社，1984.
[6] 李大磊，杨丙乾. 机械制造工艺学课程设计指导书 [M]. 3 版. 北京：机械工业出版社，2019.
[7] 陈宏钧. 金属切削操作技能手册 [M]. 北京：机械工业出版社，2013.
[8] 李益民. 机械制造工艺设计简明手册 [M]. 2 版. 北京：机械工业出版社，2014.
[9] 陈宏钧. 实用机械加工工艺手册 [M]. 3 版. 北京：机械工业出版社，2009.
[10] 周济，李培根. 智能制造导论 [M]. 北京：高等教育出版社，2021.
[11] 张冠伟. 机械制造技术基础课程设计指导 [M]. 北京：高等教育出版社，2018.
[12] 张龙勋. 机械制造工艺学课程设计指导书及习题 [M]. 北京：机械工业出版社，1994.
[13] 李旦，邵东向，王杰. 机械制造工艺学课程设计机床专用夹具图册 [M]. 2 版. 哈尔滨：哈尔滨工业大学出版社，2005.
[14] 汪永明. 机械制造技术基础课程设计指导 [M]. 合肥：安徽大学出版社，2021.
[15] 于惠力，冯新敏. 机械工程师版简明机械设计手册 [M]. 北京：机械工业出版社，2017.